FRIENDLY TOURISM SERVICE
ENGLISH

친절한 관광 서비스 영어

김지회 저

출판사 홈페이지에서 **MP3**파일을
무료로 다운로드할 수 있습니다.

 (주)백산출판사

이 책을 읽는 학생 여러분께

오랫동안 영어를 공부했지만 아직도 말하기에 자신이 없으신가요? 이 책은 서비스 업계로 진출하고자 하는 예비 서비스맨을 위해 준비한 기초 영어회화 학습교재입니다. 교재내용을 따라가면 자연스럽게 아는 단어들로 쉽게 말할 수 있도록 총 6개 Step으로 구성한 Easy Guide Book입니다. 무엇보다도 Hospitality(환대) 서비스의 대표 분야인 여행사, 항공사, 호텔 및 레스토랑 등을 주제로 하여 알아두면 언제든 현장에서 유용하게 사용할 수 있도록 구성하였습니다.

『친절한 관광 서비스 영어』 효과적으로 학습하기

- **STEP 1 : 실전 대화 연습**

  4개의 짧은 문장으로 구성된 대화 예시를 통해 학습자가 대화 흐름을 이해하고, 실전에서 사용할 수 있는 표현을 배웁니다.
- **학습방법** : 자연스러운 질문표현과 적절한 답변을 읽으면서 대화의 흐름을 파악하고, 문장마다 숨겨진 핵심 단어들을 찾아 빈칸을 채우면서 자연스럽게 익힐 수 있습니다.

- **STEP 2 : 어휘 학습(Vocabulary Building)**

  대화에서 사용된 주요 어휘와 표현을 따로 분리하여 다시 한번 학습합니다. 각 단어의 의미와 예문을 제공하여 단어의 쓰임새를 이해할 수 있도록 돕습니다.
- **학습방법** : 각 단어를 반복적으로 소리내어 읽으며 예문을 통해 실제 상황에서의 사용법을 익힙니다. 이러한 단어들은 실생활에서 자주 사용되는 표현들로, 이를 통해 어휘력을 확장할 수 있습니다.

- **STEP 3 : 패턴 연습(Expression Practice)**

  대화에서 사용된 핵심 표현들을 심화 학습하여, 유사한 상황에서 다양한 표현으로 말할 수 있도록 연습합니다.
- **학습방법** : 주요 표현을 변형하거나 유사한 표현을 익혀, 다양한 상황에 맞춰 사용할 수 있도록 연습합니다. 예시에 따라 여러 가지 대답을 연습하며 응용력을 키웁니다.

- STEP 4 : **어휘 확인(Vocabulary Check)**

앞서 배운 단어들을 다시 확인하고 복습하는 단계입니다. 빈칸 채우기를 통해 자신의 이해도를 점검할 수 있습니다.

- 학습방법 : 주어진 단어를 빈칸에 채워보면서 학습한 어휘를 복습합니다. 이 단계에서는 스스로의 이해도를 확인하는 것이 중요합니다.

- STEP 5 : **문장 완성 연습(Sentence Completion Practice)**

앞서 배운 표현과 어휘를 사용하여 문장을 완성하는 연습을 합니다. 실제로 대화할 때 필요한 문장을 구성하는 능력을 키웁니다.

- 학습방법 : 주어진 문장을 영작해 보며 학습한 표현을 복습합니다. 이 단계에서는 손으로 영작해 보고 소리내어 반복연습하는 것이 중요합니다.

- STEP 6 : **친절한 영어**

대화 속에 포함된 문장 중 서비스 직원이 꼭 알아야 하는 핵심 포인트와 응용방법을 정리하였습니다.

- 학습방법 : 제시된 문장들을 여러 번 반복하여 소리내어 연습해 보세요. 다양한 문장과 예시를 통해 친절한 영어를 실전에 적용할 수 있는 능력을 키웁니다.

마지막으로 이 책의 출간을 허락해 주신 백산출판사 진욱상 사장님과 임직원 여러분께 감사드립니다.

2024년
저자 씀

Contents

Hotel

Restaurant

Bar

Travel Agency

STEP 1

- 실전 대화 연습
  4개의 짧은 문장으로 구성된 대화 예시를 통해 학습자가 대화 흐름을 이해하고, 실전에서 사용할 수 있는 표현을 배웁니다.

- 학습방법
  자연스러운 질문표현과 적절한 답변을 읽으면서 대화의 흐름을 파악하고, 문장마다 숨겨진 핵심 단어들을 찾아 빈칸을 채우면서 자연스럽게 익힐 수 있습니다.

STEP 2

- 어휘 학습(Vocabulary Building)
  대화에서 사용된 주요 어휘와 표현을 따로 분리하여 다시 한번 학습합니다. 각 단어의 의미와 예문을 제공하여 단어의 쓰임새를 이해할 수 있도록 돕습니다.

- 학습방법
  각 단어를 반복적으로 소리내어 읽으며 예문을 통해 실제 상황에서의 사용법을 익힙니다. 이러한 단어들은 실생활에서 자주 사용되는 표현들로, 이를 통해 어휘력을 확장할 수 있습니다.

STEP 3

- 패턴 연습(Expression Practice)
  대화에서 사용된 핵심 표현들을 심화 학습하여, 유사한 상황에서 다양한 표현으로 말할 수 있도록 연습합니다.

- 학습방법
  주요 표현을 변형하거나 유사한 표현을 익혀, 다양한 상황에 맞춰 사용할 수 있도록 연습합니다. 예시에 따라 여러 가지 대답을 연습하며 응용력을 키웁니다.

STEP 4

- 어휘 확인(Vocabulary Check)
  앞서 배운 단어들을 다시 확인하고 복습하는 단계입니다. 빈칸 채우기를 통해 자신의 이해도를 점검할 수 있습니다.

- 학습방법
  주어진 단어를 빈칸에 채워보면서 학습한 어휘를 복습합니다. 이 단계에서는 스스로의 이해도를 확인하는 것이 중요합니다.

STEP 5

- 문장 완성 연습(Sentence Completion Practice)
  앞서 배운 표현과 어휘를 사용하여 문장을 완성하는 연습을 합니다. 실제로 대화할 때 필요한 문장을 구성하는 능력을 키웁니다.

- 학습방법
  주어진 문장을 영작해 보며 학습한 표현을 복습합니다. 이 단계에서는 손으로 영작해 보고 소리내어 반복 연습하는 것이 중요합니다.

STEP 6

- 친절한 영어
  대화 속에 포함된 문장 중 서비스 직원이 꼭 알아야 하는 핵심 포인트와 응용방법을 정리하였습니다.

- 학습방법
  제시된 문장들을 여러 번 반복하여 소리내어 연습해 보세요. 다양한 문장과 예시를 통해 친절한 영어를 실전에 적용할 수 있는 능력을 키웁니다.

01 도와드릴까요

Self-CHECK ☐ 빈칸 채우기 ☐ 보카학습 ☐ 패턴학습 ☐ 말하기

STEP 1

A Good morning. How may I _____ you? 도와드릴까요?

B I'm here to _____ Mr. Jung. 정 선생님을 뵈러 왔습니다.

B I have an _____ with him at 11 o'clock.

11시에 뵙기로 예약했습니다.

A Yes, ma'am. He will be with you in a _____ .

네 고객님, 그분은 곧 오실 거예요.

STEP 2

help 도와주다, 돕다

⇒ Help, I'm stuck! 도와주세요, 꼼짝할 수가 없어요.

⇒ Can I help you? 도와드릴까요?

see 보다, 만나다

⇒ Let me see. 어디 보자./글쎄.

⇒ I'm seeing Mr. Jung tonight. 나 오늘 저녁에 정 선생님 만나.

appointment 약속, 예약

⇒ Do you have an appointment? 예약하셨나요?

⇒ I've made an appointment with the dentist. 치과에 예약했어요.

moment 순간, 찰나, 단시간

⇒ One moment, please. 잠시만요.

⇒ Wait a moment. 잠깐만 기다려.

A **How may I help you?** 도와드릴까요?

May I 동사 = 제가 동사할 수 있을까요?

☞ 서비스 직원이 고객에게 먼저 도움을 건네는 친절한 표현

☞ Could I 또는 May I는 Can I보다 더욱 정중한 표현

⇒ **How may I assist you?** 도와드릴까요?

⇒ **May I help you with anything?** 도와드릴까요?

B **I'm here to see Mr. Jung.** 정 선생님을 뵈러 왔습니다.

I'm here to 동사 = 동사하려고 왔어요

☞ 어떻게 오셨어요? 등의 질문에 대한 답변으로 여기에 온 이유를 설명하는 간단한 표현

⇒ **I'm here to open an account.** 계좌를 개설하려고 왔는데요.

⇒ **I'm here to pick up my order.** 주문한 물건을 찾으러 왔어요.

B **I have an appointment with him at 11 o'clock.**

11시에 뵙기로 예약했습니다.

have an appointment = 예약되어 있는 상태이다

☞ appointment는 상담이나 병원진료 등 사람과의 1대1 만남 또는 방문에 대한 예약으로 reservation과는 구분해서 사용

⇒ **Do you have an appointment?** 예약하셨습니까?

⇒ **I don't have an appointment, but is Mr. Jung available?**

예약은 안 했는데요, 혹시 정 선생님을 뵐 수 있을까요?

A **Yes, ma'am. He will be with you in a moment.**

네 고객님, 그분은 곧 오실 거예요.

be with you = 당신과 함께하다

☞ 고객이 찾는 분이 곧 오실 것이라 안내하는 친절한 표현

⇒ **He will be with you shortly.** 곧 오실 거예요.

⇒ **I'll be right with you.** 금방 도와드리겠습니다.

STEP 4

1   도와주다 :

2   보다, 만나다 :

3   약속, 예약 :

4   잠시, 찰나 :

STEP 5

1   도와드릴까요? :

2   주문한 물건을 찾으러 왔어요. :

3   3시에 방문예약 했어요. :

4   그분은 곧 오실 거예요. :

친절한 영어 : 고객에게 먼저 다가가기

고객은 도움이 필요한 경우에도 먼저 도움 요청하는 걸 주저할 수 있습니다. 서비스 직원은 고객이 요청하기 전에 언제나 고객에게 친절하고 친근하게 먼저 다가갑니다.
이렇게 고객에게 먼저 다가갈 때는 '제가 도와드릴까요?'라고 다음과 같이 친절한 영어로 말해보세요.

- (점원이) 무엇을 찾으세요?

- (호텔 직원이) 도움이 필요하세요?
  체크인 하시겠어요?
  체크아웃 하시나요?

- (레스토랑 직원이) 무엇을 도와드릴까요?

- (계산대 직원이) 계산하시겠어요?

- (병원, 은행, 여행사 등) 어떻게 오셨어요?

서비스 직원이 고객에게 먼저 도움을 건네는 친절한 영어 표현

Can I help you?

How can I help you?

How may I assist you?

How may I be of service?

What can I do for you?

Is there anything I can do for you?

Can I help you with anything, ma'am?

02 아이스커피가 좋겠어요

Self-CHECK   □ 빈칸 채우기   □ 보카학습   □ 패턴학습   □ 말하기

STEP 1

A   **I'd _____ some coffee, please.** 커피 좀 주세요.

B   **Sure. _____ you like hot or iced coffee?**

따뜻한 커피를 원하세요? 아이스커피를 원하세요?

A   **Iced coffee would be _____ .** 아이스커피가 좋겠어요.

B   **_____ you are.** 여기요.

STEP 2

like	~하고 싶다
	⇒ **I'd like to meet him.** 그를 만나고 싶어요.
	⇒ **If you'd like, I can drive you there.** 원하면, 내가 데려다줄게.
would	~일 거다, ~할 거야
	⇒ **It would be fun.** 재미있을 거야.
	⇒ **That would be fine.** 그거면 괜찮을 거예요.
good	좋은
	⇒ **I had a good time.** 즐거웠어요.
	⇒ **You did a good job.** 잘했어.
here	여기, 여기에
	⇒ **Come here.** 이리 오세요.
	⇒ **For here or to go?** 여기서 드실 건가요? 가지고 가실 건가요?

A   **I'd** like **some coffee, please.** 커피 좀 주세요.

I'd like 명사 = 명사를 원해요.

☞ '(공손하게 요구할 때) ~하고 싶습니다'라고 요구하는 정중한 표현

⇒ **I'd like a cup of tea, please.** 차 한 잔 주시겠어요?

⇒ **I'd like a room, please.** 방 하나 주세요.

B   Would **you like hot or iced coffee?** 따뜻한 커피를 원하세요? 아이스커피를 원하세요?

Would you like 명사 = 명사를 원하십니까?

☞ '~하시겠습니까?'라고 정중하게 묻는 표현, 제안 또는 청유의 표현으로도 사용

⇒ **Would you like something to drink?** 마실 것 좀 드릴까요?

⇒ **Would you like some more bread?** 빵을 좀 더 드릴까요?

A   **Iced coffee would be** good. 아이스커피가 좋겠어요.

would be good/nice/fine = ~가 좋겠어요./~면 좋을 거예요.

☞ would는 '(100%) 그렇다'의 의미보다 '(70% 정도) ~일 거다'라는 느낌을 주어, 좀 더 부드럽고 공손한 표현으로 전달된다.

⇒ **Would it be OK with you?** 괜찮으시겠어요?

⇒ **That would be fine with me.** 전 그거면 좋아요.

B   Here **you are.** 여기요.

Here 주어 동사 = 여기 있어요. 여기요.

☞ 상대방에게 무엇을 주거나 건넬 때 '여기요', '여기 있습니다.'와 같이 말과 함께 친절하게 전달하는 표현

⇒ **Here it is.** 여기요.

⇒ **Here you go.** 여기 있습니다.

1   ~하고 싶다 :

2   ~일 거다 :

3   좋은 :

4   여기, 여기에 :

1   커피 한 잔 부탁드려요. :

2   따뜻한 걸로 드릴까요? 아이스커피로 드릴까요? :

3   아이스커피가 좋겠어요. :

4   여기요. :

친절한 영어 : 요청/제안하기

'I'd like ~'는 '무엇을 원하다'는 의미의 정중한 표현으로, 'I want ~'보다 훨씬 예의 바르고 공손한 표현입니다. 처음 만나는 사람이나 공식적인 상황에서 많이 사용됩니다. 이 표현은 주로 서비스나 도움을 요청할 때 사용되며, 상대방에게 호의적인 인상을 줄 수 있습니다.

고객에게 요청하거나 제안을 할 때는 '~를 원합니다' 또는 '~을 하시겠어요?'라고 다음과 같이 정중한 영어로 말해보세요.

❖ **I'd like +** 명사 ~를 원해요.

I'd like a cup of coffee. 커피 한 잔 부탁드려요.

I'd like a glass of water. 물 한 잔 주세요.

I'd like a room. 방 하나 주세요.

❖ **I'd like to +** 동사 ~하기를 원합니다. ~하고 싶어요.

I'd like to take this shirt. 이 셔츠를 구매하고 싶어요.

I'd like to return this item. 이것을 환불하고 싶어요.

I'd like to check in. 입실수속 하고 싶어요.

❖ **Would you like +** 명사 ~를 원하십니까? ~를 드릴까요?

Would you like some coffee? 커피 좀 드시겠습니까?

Would you like a drink with that? 음료도 드릴까요?

Would you like a double room? 2인실로 드릴까요?

❖ **Would you like to +** 동사 ~하기를 원하십니까? ~하시겠습니까?

Would you like to check out? 체크아웃 하시겠습니까?

Would you like to have dinner with us tonight?
오늘 저희와 함께 저녁식사 하시겠어요?

Would you like to start the meeting now? 이제 회의를 시작할까요?

03 P.J.가 전화했다고 전해주세요

Self-CHECK ☐ 빈칸 채우기 ☐ 보카학습 ☐ 패턴학습 ☐ 말하기

STEP 1

A **May I _____ to Mr. Jung, please?** 정 선생님과 통화할 수 있을까요?

B **I'm afraid he's not _____ at the moment.**

죄송합니다만, 그분은 지금 통화가 어렵습니다.

B **Would you like to _____ a message?** 메시지를 남기시겠습니까?

A **Yes. Please tell him P.J. _____.** P.J.가 전화했다고 전해주세요.

STEP 2

speak   말하다

⇒ **She speaks very quietly.** 그녀는 아주 조용히 얘기해.

⇒ **I'll speak to the chef.** 주방장에게 얘기할게요.

available   이용할 수 있는, 구할 수 있는

⇒ **It's available on the internet.** 그거 인터넷에서 구할 수 있어.

⇒ **The book is now available.** 그 책 이제 구할 수 있어요.

leave   남기다, 두다

⇒ **You can just leave it here.** 그냥 여기 두시면 돼요.

⇒ **I left some sandwiches for him.** 그를 위해 샌드위치를 남겨뒀어.

call   전화하다

⇒ **Call me at home.** 집으로 전화해 주세요.

⇒ **I called him this morning.** 오늘 아침에 그에게 전화했어.

A   **May I speak to Mr. Jung, please?** 정 선생님과 통화할 수 있을까요?

May I speak to 사람 = 사람과 통화할 수 있을까요?

☞ 전화로 통화하고 싶은 사람을 찾는 전형적인 표현

⇒ **May I speak to the manager?** 지배인과 얘기할 수 있을까요?

⇒ **Can I speak to Tammy?** 태미와 통화할 수 있을까요?

B   **I'm afraid he's not available at the moment.**

죄송합니다만, 그분은 지금 통화가 어렵습니다.

I'm afraid = 죄송합니다만,

☞ 고객의 요청이나 질문에 긍정적인 답변을 줄 수 없을 때, '죄송합니다만'으로
   사과하고 말을 시작하는 표현

⇒ **I'm afraid we're closed on Mondays.** 죄송합니다만, 월요일은 휴업합니다.

⇒ **I'm afraid he's not here now.** 죄송합니다만, 그는 지금 자리에 안 계십니다.

B   **Would you like to leave a message?** 메시지를 남기시겠습니까?

Would you like to 동사 = 동사하기를 원하십니까?

☞ 정중하고 조심스럽게 의사를 묻는 표현

☞ 상대방이 찾는 대상자가 통화 불가능할 경우 응대하는 정중한 표현

⇒ **Would you like to go with me?** 저와 함께 가시겠어요?

⇒ **Would you like to go for a walk?** 산책 가실래요?

A   **Please tell him P.J. called.** P.J.가 전화했다고 전해주세요.

Please tell 사람 = 사람에게 전해주세요.

☞ '누가 ~했다'고 전해달라는, 메시지를 남기는 전형적인 표현

☞ Could you please tell him that P.J. called?와 같이 더욱 정중하게 표현할 수 있다.

⇒ **Please tell him I said hi.** 그에게 안부 전해주세요.

⇒ **Please tell her to call me back.** 전화해 달라고 전해주세요.

STEP 4

1 말하다 :

2 이용할 수 있는 :

3 남기다 :

4 전화하다 :

STEP 5

1 죄송합니다만, :

2 그분은 지금 통화가 어렵습니다. :

3 메시지를 남기시겠습니까? :

4 전화해 달라고 전해주세요. :

친절한 영어 : 전화 메시지 받기

고객이 찾는 해당 직원 또는 담당자가 부재중이거나 다른 용무 중이라 고객을 응대할 수 없을 경우에는 '그분은 지금 부재중이십니다.'라고 친절한 영어로 말해보세요.

❖ (그분은) 지금 부재중이십니다.

He is not available at the moment. 그분은 지금 통화가 어려우십니다.

He is not here at the moment. 그분은 지금 자리에 안 계십니다.

❖ 통화가 어려운 이유/상황 설명하기

He is in the meeting. 그분은 회의 중이십니다.

He is out to lunch. 그분은 점심식사 가셨습니다.

He will be back shortly. 그분은 곧 오실 거예요

He will be with you shortly. 그분이 곧 도와드릴 거예요.

It should be over in about 10 minutes. 10분 정도면 끝납니다.

❖ 메시지 받기

Would you like to leave a message? 메시지를 남기시겠습니까?

May I take a message? 메시지를 남기시겠습니까?

04 택시를 불러드릴까요

Self-CHECK □ 빈칸 채우기 □ 보카학습 □ 패턴학습 □ 말하기

STEP 1

A I just _____ the bus to the airport.
막 공항 가는 버스를 놓쳤어요.

B Would you like me to call a _____ for you? 택시를 불러드릴까요?

B What _____ is your flight? 항공편이 몇 시죠?

A It's a 7:20 _____ . 7시 20분 항공편이에요.

STEP 2

miss 놓치다, 그리워하다

⇒ I missed my bus today. 오늘 버스를 놓쳤어요.

⇒ I'll miss you. 네가 그리울 거야.

cab 택시 ※ taxi

⇒ Your cab is ready. 택시가 준비되었습니다.

⇒ I'll just grab a cab. 그냥 택시 탈게.

time 시간

⇒ We need some time. 시간이 좀 필요해요.

⇒ Do you have time tomorrow? 내일 시간 있어?

flight 항공편, 비행

⇒ Have a nice flight. 즐거운 비행 되세요.

⇒ I missed my flight. 비행기를 놓쳤어요.

A　**I just** missed **the bus to the airport.** 막 공항 가는 버스를 놓쳤어요.

bus to 장소 = 장소로 가는 버스

☞ 버스나 기차, 지하철, 비행기 등의 특정 장소로 가는 교통수단을 설명하는 표현

⇒ **This is the bus to the airport.** 이게 공항으로 가는 버스예요.

⇒ **Is this the shuttle to the Mall?** 쇼핑몰로 가는 셔틀인가요?

B　**Would you like me to call a** cab **for you?** 택시를 불러드릴까요?

Would you like me to 동사 = 동사해 드릴까요?

☞ 상대에게 도움을 제안하는 정중한 표현

⇒ **Would you like me to take a picture of you?** 제가 사진을 찍어드릴까요?

⇒ **Would you like me to hold your bag for you?** 제가 고객님 가방을 맡아드릴까요?

B　**What** time **is your flight?** 항공편이 몇 시죠?

What time is 명사 = 명사이(가) 몇 시죠?

☞ '~의 시간'을 묻는 전형적인 표현

⇒ **What time is the concert?** 콘서트가 몇 시죠?

⇒ **What time is your appointment?** 예약이 몇 시죠?

A　**It's a 7:20** flight. 7시 20분 항공편이에요.

It's a 시간 flight = 시간 시 항공편이에요.

☞ 항공편의 출발시간을 설명하는 표현

⇒ **It's a 7 o'clock train.** 7시 기차예요.

⇒ **It's a late night flight.** 늦은 밤 항공편이에요.

1   놓치다 :

2   택시 :

3   시간 :

4   비행, 항공편 :

1   막 공항 가는 버스를 놓쳤어요. :

2   택시를 불러드릴까요? :

3   몇 시 항공편이죠? :

4   5시 비행편이에요. :

친절한 영어 : 제안하기

서비스 직원은 고객의 필요를 먼저 파악하고 고객이 요청하기 전에 먼저 제안함으로써 만족도를 높일 수 있습니다. 고객이 필요한 것을 먼저 파악하여 고객에게 도움을 드리겠다고 제안할 때는 '(제가 고객님을 위해) ~ 해드릴까요?'라고 친절한 영어로 말해보세요.

❖ Would you like me to + 동사 + for you? ~해드릴까요?

Would you like me to take a picture of you?

(제가 고객님을 위해) 사진을 찍어드릴까요?

Would you like me to call a taxi for you?

(제가 고객님을 위해) 택시를 불러드릴까요?

Would you like me to make a booking for you?

(제가 고객님을 위해) 예약을 해드릴까요?

Would you like me to change your reservation?

(제가) 예약을 변경해 드릴까요?

Would you like me to hold your bag for you?

(제가 고객님을 위해) 가방을 봐드릴까요?

다음을 영어로 제안해 보세요.

1. 고객님, 제가 그 레스토랑을 예약해 드릴까요?

2. 고객님, 객실을 변경해 드릴까요?

05 더 필요하신 게 있으세요

Self-CHECK □ 빈칸 채우기 □ 보카학습 □ 패턴학습 □ 말하기

STEP 1

A **Is there anything _____ you'd like?** 더 필요하신 게 있으세요?

B **I was wondering if you could _____ a hundred-dollar bill?**
100달러를 바꿔주실 수 있으세요?

A **Sure. _____ would you like it?** 네 그럼요. 어떻게 드릴까요?

B **I'd like 4 twenties and the _____ in singles.**
20달러 4개와 나머진 1달러로 주세요.

STEP 2

else 그 밖에, 더

⇒ **What else can I say?** 달리 무슨 말을 할 수 있겠어?

⇒ **I need to ask someone else.** 다른 분께 여쭤봐야겠어.

change 바꾸다, (잔돈으로) 바꾸다

⇒ **Don't change the subject!** 말 돌리지 마.

⇒ **Could you change a ten-pound note for two fives?**
10파운드 지폐를 5파운드 2장으로 바꿔주실 수 있어요?

how 어떻게

⇒ **How do I do this?** 이거 어떻게 하는 건가요?

⇒ **How did you find it?** 그거 어떻게 찾았니?

rest 나머지

⇒ **the rest of the class** 남은 수업시간

⇒ **the rest of my life** 내 남은 인생

A **Is there anything** else **you'd like?** 더 필요하신 게 있으세요?

Is there anything else ~ = 더 ~하신 것이 있나요?

☞ 고객에게 더 도와드릴 것이 있는지 확인하는 표현

⇒ **Is there anything else I can help you with?**

그 밖에 더 도와드릴 일이 있을까요?

⇒ **Is there anything else you need?** 다른 필요한 것이 더 있으세요?

B **I was wondering if you could** change **a hundred-dollar bill?**

100달러를 바꿔주실 수 있으세요?

I was wondering if ~ = ~해 주실 수 있는지 궁금했어요.

☞ ~을 해줄 것을 요청하는 정중하고 공손한 표현

⇒ **I was wondering if you have change for this.**

이거 바꿔주실 잔돈 있나요?

⇒ **I was wondering if you could do this for me.** 이거 해주실 수 있나요?

A **Sure.** How **would you like it?** 네 그럼요. 어떻게 드릴까요?

How would you like 명사 = 명사 를 어떻게 원하십니까?

☞ 방법이나 수단 등 구체적인 요청사항을 묻는 정중한 표현

⇒ **How would you like your steak?** 스테이크를 어떻게 요리해 드릴까요?

⇒ **How would you like your egg?** 계란은 어떻게 요리해 드릴까요?

B **I'd like 4 twenties and the** rest **in singles.**

20달러 4개와 나머진 1달러로 주세요.

the rest in 화폐 단위 = 나머지는 화폐 단위로 주세요.

☞ 환전할 경우 원하는 지폐종류와 개수를 설명하는 표현

⇒ **I'd like the rest in ten-dollar bills.** 나머지는 10달러 지폐로 주세요.

⇒ **I'd like the rest in tens.** 나머지는 10달러 지폐로 주세요.

1   그 밖의, 더 :

2   교환하다 :

3   어떻게 :

4   나머지 :

1   더 도와드릴 게 있을까요? :

2   100달러를 바꿔주실 수 있으신가요? :

3   어떻게 드릴까요? :

4   20달러 4개와 나머진 1달러로 주세요. :

친절한 영어 : 추가 요청사항 확인하기

서비스 직원은 고객과의 대화를 마무리하기 전에, 반드시 다른 의문사항이 없는지, 다른 도움이 필요한지 반드시 확인한 후, 다른 사항이 없을 경우 대화를 종료합니다. 고객과의 대화를 마치기 전에 다음과 같이 '고객님, 더 필요하신 게 있으세요?'라고 친절한 영어로 말해보세요.

고객에게 또 다른 도움이 필요한지 확인하는 친절한 영어 표현

❖ Is there anything else ~

Is there anything else you need, Mr. Jung?

고객님, 다른 필요하신 게 더 있을까요?

Is there anything else I can help you with, ma'am?

고객님, 제가 도와드릴 게 또 있을까요?

Is there anything else you would like, sir?

고객님, 또 다른 원하시는 게 있으세요?

Is there anything else I can do for you?

고객님, 제가 도와드릴 게 또 있을까요?

다음의 추가 사항을 영어로 확인해 보세요.

1. 다른 궁금하신 게 더 있으세요?

2. 고객님, 제가 도와드릴 게 또 있을까요?

06 그냥 오시면 돼요

STEP 1

A **Do I have to make a _____ ?** 예약을 꼭 해야 하나요?

B **May I ask what day you are _____?** 무슨 요일에 방문하시나요?

A **I'm visiting _____ at 7.** 오늘밤 7시에 방문합니다.

B **Well then, you may _____ walk in.** 네, 그럼 그냥 오시면 돼요.

STEP 2

reservation 예약

⇒ **make a reservation** 예약하다

⇒ **have a reservation** 예약되어 있다.

visit 방문하다

⇒ **I'm visiting my grandma's.** 할머니 댁에 왔어요.

⇒ **I'll visit you at the hospital.** 병문안 갈게요.

tonight 오늘밤, 오늘밤에

⇒ **I can see you tonight.** 오늘밤에 볼 수 있어.

⇒ **We have a full house tonight.** 오늘밤엔 만석입니다.

just 그냥

⇒ **Just do it.** 그냥 해./일단 해봐.

⇒ **I just don't like this.** 난 그냥 이게 맘에 들지 않아.

A **Do I have to make a** reservation**?** 예약을 꼭 해야 하나요?

Do I have to 동사 = 반드시 동사를 해야만 하나요?

☞ 의무 또는 필수사항인지 묻는 표현

⇒ **Do I have to sign up?** 회원가입을 해야 하나요?

⇒ **Do I have to pay extra?** 추가요금을 내야 하나요?

B **May I ask what day you are** visiting**?** 무슨 요일에 방문하시나요?

May I ask = 여쭤봐도 될까요?

☞ 고객에게 공손하게 질문하는 정중한 표현

⇒ **May I ask your number?** 전화번호를 여쭤봐도 될까요?

⇒ **May I ask who is calling?** 전화 주신 분은 누구신가요?

A **I'm visiting** tonight **at 7.** 오늘밤 7시에 방문합니다.

at 시간 = 시간에

☞ 시간 앞에는 반드시 전치사 at을 사용

⇒ **I'll see you at 7.** 7시에 보자.

⇒ **The train arrives at 2.** 기차는 2시에 도착합니다.

B **Well then, you may** just **walk in.** 네, 그럼 그냥 오시면 돼요.

You can just 동사 = 그냥 동사하셔도 돼요.

☞ 다른 조건 없이 '편하게 ~하면 됩니다'라고 안내하는 표현

⇒ **You may just ask me.** 그냥 제게 물어보시면 돼요.

⇒ **You may just leave it here.** 그냥 여기 두고 가시면 돼요.

1   예약 :

2   방문하다 :

3   오늘밤 :

4   그냥 :

---

1   예약을 꼭 해야 하나요? :

2   성함을 여쭤봐도 될까요? :

3   오늘밤 7시에 전화할게. :

4   그냥 제게 전화 주시면 돼요. :

친절한 영어 : 공손하게 질문하기

고객과의 대화 중 궁금하거나 확인하고 싶은 사항이 있을 때는 직접적으로 정중하게 질문할 수도 있지만, 간접적으로 질문하여 부드러운 어투로 좀 더 공손하게 전달할 수도 있습니다.

고객에게 질문을 할 때는 다음과 같이 '~을 여쭤봐도 될까요?'라고 친절한 영어로 말해보세요.

고객에게 질문하는 친절한 영어 표현

❖ **May I ask ~ : ~을 여쭤봐도 될까요?**

May I ask your name, sir? 고객님, 성함을 여쭤봐도 되겠습니까?

May I ask who is calling? 전화 거신 분은 누구신지 여쭤봐도 될까요?

May I ask where you are coming from? 어디서 오시는 길인지 여쭤봐도 될까요?

May I ask you a very personal question? 사적인 질문을 드려도 될까요?

다음을 영어로 친절하게 질문해 보세요.

1. 회의가 언제 시작되는지 여쭤봐도 될까요?

2. 화장실이 어디 있는지 여쭤봐도 될까요?

07 끊지 말고 기다려주세요

Self-CHECK □ 빈칸 채우기 □ 보카학습 □ 패턴학습 □ 말하기

STEP 1

A **I'd like to change my flight _____ , please.** 비행일정을 변경하고 싶어요.

B **Let me _____ you to Reservations.** 예약부서로 연결해 드리겠습니다.

B **Please, _____ on the line.** 끊지 말고 기다려주세요.

C **I'm sorry for taking so long to _____ your call.**
응답이 늦어 죄송합니다.

STEP 2

schedule 일정 ※ 발음에 유의 : (미) [skedʒuːl], (영) [ʃedjuːl]

⇒ **I have a very tight schedule today.** 나 오늘 정말 바쁜 일정이야.

⇒ **We're ahead of schedule.** 우리가 일정보다 앞서 있어.

connect 연결하다

⇒ **You are connected.** (전화가) 연결되었습니다.

⇒ **Connect the printer to your computer.** 프린터를 컴퓨터에 연결하세요.

stay ~인 채로 있다

⇒ **Stay tuned!** 채널 고정!

⇒ **The bar stays open late.** 그 바는 늦게까지 오픈해요.

answer 응답, 응답하다

⇒ **There is no answer.** 전화를 받지 않습니다.

⇒ **I'll answer the door.** 내가 나가 볼게.

A **I'd like to change my flight** schedule, **please.** 비행일정을 변경하고 싶어요.

change 명사 = 명사를 변경하다

☞ 예약, 약속, 스케줄 등의 변경을 요청하는 정중한 표현

⇒ **I'd like to change my reservation.** 예약을 변경하고 싶어요.

⇒ **I'd like to change the date.** 날짜를 바꾸고 싶어요.

B **Let me** connect **you to Reservations.** 예약부서로 연결해 드리겠습니다.

connect 누구 to 명사 = 누구를 명사로 연결하다

☞ 전화 통화 중 다른 부서나 다른 번호로 돌려서 연결할 때 친절하게 안내하는
   표현

⇒ **I'll connect you to room service.** 룸서비스로 연결해 드리겠습니다.

⇒ **Let me connect you to Mr. Jung.** 정 선생님께 연결해 드리겠습니다.

B **Please,** stay **on the line.** 끊지 말고 기다려주세요.

stay on = 계속 남아 있다. 계속 머무르다.

☞ 전화를 다른 부서로 연결하면서 상대방에게 끊지 말고 그대로 있어줄 것을 안내
   하는 표현

☞ 'please, hold.' 또는 'Hold on, please.'라고도 자주 사용된다.

⇒ **Stay on track.** 뒤처지지 말고 계속 진행하세요.

⇒ **We can stay on trend.** 트렌드를 유지할 수 있어요.

C **I'm sorry for taking so long to** answer **your call.** 응답이 늦어 죄송합니다.

take so long = 너무 오래 걸리다

☞ 통화대기 중 고객을 오래 기다리게 했을 경우 사과하는 정중한 표현

⇒ **I'm sorry it took so long to get to you.** 너무 오래 걸려서 죄송합니다.

⇒ **What took so long?** 왜 그렇게 늦었어?

1   일정 :

2   연결하다 :

3   ~인 채로 있다 :

4   응답, 응답하다 :

1   비행일정을 변경하고 싶어요. :

2   예약부서로 연결해 드리겠습니다. :

3   끊지 말고 기다려주세요. :

4   응답이 늦어 죄송합니다. :

친절한 영어 : 전화 연결하기

서비스 현장에서는 고객의 다양한 문의전화를 받게 되며 각 문의사항에 알맞은 부서나 담당자에게 전화를 연결하게 됩니다. 전화를 연결하기 전에는 반드시 '~로 연결해 드리겠습니다'라고 먼저 안내한 후 담당부서로 연결합니다.
고객의 통화를 다른 부서나 직원에게 연결할 때는 다음과 같이 '~로 연결해 드리겠습니다. 잠시만 기다려주세요'라고 친절한 영어로 말해보세요.

전화 연결을 안내하는 친절한 영어 표현

❖ connect to : ~로 연결해 드리겠습니다.

I'll connect you to the reservations. 예약부서로 연결해 드리겠습니다.

I'll connect you to the front desk. 프런트로 연결해 드리겠습니다.

❖ put through to : ~로 연결해 드리겠습니다.

Let me put you through to the housekeeping department.
객실관리부서로 연결해 드리겠습니다.

I'll put you through to the P.J. Restaurant. P.J. 레스토랑으로 연결해 드리겠습니다.

❖ transfer to : ~로 연결해 드리겠습니다.

Let me transfer you to the Lost and Found.
분실물 보관소로 연결해 드리겠습니다.

I'll transfer you to the reservation department. 예약부서로 연결해 드리겠습니다.

❖ Please, stay on the line. 끊지 말고 기다려주세요.

Please, stay on the line. 끊지 말고 잠시만 기다려주세요.

Please, hold just a moment. 끊지 말고 잠시만 기다려주세요.

08 연락처를 알려주시겠어요

Self-CHECK □ 빈칸 채우기 □ 보카학습 □ 패턴학습 □ 말하기

STEP 1

A **I'd like to make a _____ for tomorrow.** 내일 날짜로 예약을 하고 싶어요.

B **Could you _____ your last name, sir?** 라스트 네임 철자를 불러주시겠어요?

A **It's J-U-N-G, Jung.** J-U-N-G, 정입니다.

B **May I _____ your _____ number, Mr. Jung?**

정 선생님, 연락처를 알려주시겠습니까?

STEP 2

reservation 예약

⇒ **reservation department/Reservations** 예약부서

⇒ **Do you have a reservation?** 예약하셨습니까?

spell 철자를 쓰다, 철자를 말하다

⇒ **Please, spell it for me.** 철자를 불러주시겠습니까?

⇒ **How do you spell that?** 철자가 어떻게 되죠?

have 얻다, 받다

⇒ **I have good news.** 좋은 소식을 들었어.

⇒ **Can I have your autograph?** 사인 좀 해주실 수 있나요?

contact 연락

⇒ **I don't have contact with him.** 나는 그와 전혀 연락하지 않고 지내.

⇒ **I finally made contact with him.** 드디어 그와 연락이 됐어.

A **I'd like to make a** reservation **for tomorrow.** 내일 날짜로 예약하고 싶어요.

make a reservation/booking = 예약하다

☞ 서비스 이용을 위해 사전에 예약하는 정중한 표현

⇒ **Would you like to make a reservation?** 예약하시겠습니까?

⇒ **I have a reservation under Mr. Jung.** 정 선생님 성함으로 예약되어 있어요.

B **Could you** spell **your last name, sir?** 라스트 네임 철자를 불러주시겠어요?

Could you 동사 = 동사해 주실 수 있나요?

☞ 상대방에게 ~을 해줄 것을 정중히 요청하는 표현

⇒ **Could you give me a hand?** 저 좀 도와주실 수 있나요?

⇒ **Could you fill out this form?** 이 양식을 작성해 주시겠어요?

A **It's J-U-N-G, Jung.** J-U-N-G, 정입니다.

It's 명사 = 명사입니다.

☞ 이름, 전화번호, 객실번호, 예약번호 등을 말하는 표현

⇒ **It's 82-10-7109-2534.** 82-10-7109-2534번입니다.

⇒ **It's room 2519.** 2519호 객실입니다.

B **May I** have **your** contact **number, Mr. Jung?** 정 선생님, 연락처를 알려주시겠습니까?

May I have 명사 = 명사를 알려주시겠습니까?

☞ 이름, 전화번호, 주소, 예약번호 등을 알려달라고 묻는 정중하고 공손한 표현

⇒ **May I have your name?** 성함을 알려주시겠습니까?

⇒ **Could I have your number?** 전화번호를 알려주시겠습니까?

1   약속, 예약 :

2   철자하다 :

3   얻다 :

4   연락 :

1   내일로 예약을 하고 싶어요. :

2   라스트 네임 철자를 불러주시겠어요? :

3   010-7109-2534번입니다. :

4   선생님, 연락처를 알려주시겠습니까? :

친절한 영어 : 요청하기

예약을 하는 과정에는 고객의 개인정보(이름, 전화번호 등)가 반드시 필요합니다. 서비스 직원은 고객에게 '이름이 뭐예요?'라고 하지 않고, 정중하게 '성함'을 묻습니다. 고객에게 예약에 필요한 고객의 개인정보를 물을 때는 '~을 알려주시겠습니까?'라고 친절한 영어로 말해보세요.

서비스 직원이 고객에게 개인정보를 묻는 친절한 영어 표현

❖ **May I have ~ : ~을 알려주시겠습니까?**

Can(Could) I have your name, please? 성함을 알려주시겠습니까?

May I have your name, please, sir? 성함을 알려주시겠습니까?

Can(Could) I have your contact number? 연락처를 알려주시겠습니까?

May I have your email address, Mr. Jung? 이메일 주소를 알려주시겠습니까?

다음의 고객정보를 친절하게 요청해 보세요.

1. 고객님, 성함을 알려주시겠습니까?

2. 고객님, 전화번호를 알려주시겠습니까?

09 편의점은 1층에 있습니다

Self-CHECK ☐ 빈칸 채우기 ☐ 보카학습 ☐ 패턴학습 ☐ 말하기

STEP 1

A **I'm looking for a _____ store.** 편의점을 찾고 있어요.

B **It's on the _____ floor.** 그것은 1층에 있습니다.

B **Go _____ the hallway.** 복도를 가로질러 가세요.

A **Thank you. I _____ it.** 감사합니다. 정말 고마워요.

STEP 2

convenience 편리, 편의

⇒ **For your convenience, we offer online ordering.**
편의를 위해 온라인 주문을 제공합니다.

⇒ **The new app adds convenience to your daily routine.**
새로운 앱이 당신의 일상에 편리함을 더해줍니다.

first 첫, 처음의, 최초의

⇒ **It's my first visit to Seoul.** 서울 방문은 처음이야.

⇒ **The first of September.** 9월 1일

across 가로질러서

⇒ **He walked across the road.** 그는 길을 건너갔다.

⇒ **I went across the river.** 강을 건너갔어.

appreciate 감사하다, 고맙게 생각하다

⇒ **I appreciate your help.** 도와주서서 감사합니다.

⇒ **I appreciate your concern.** 걱정해 줘서 고마워요.

A   **I'm looking for a** convenience **store.** 편의점을 찾고 있어요.

am/are/is looking for 명사 = 명사를 찾고 있다

☞ ~이 어디 있는지 몰라서 찾고 있다고 설명하는 표현

⇒ **I was looking for you.** 너를 찾고 있었어.

⇒ **Are you looking for this?** 너 이거 찾고 있니?

B   **It's on the** first **floor.** 그것은 1층에 있습니다.

It's on the 서수 floor = 그것은 서수(몇) 층에 있다.

☞ 건물 내 몇 층에 있는지 위치를 설명하는 표현

⇒ **The restaurant is on the 26th floor.** 그 레스토랑은 26층에 있어요.

⇒ **The parking lot is on the second basement floor.**
주차장은 지하 2층에 있습니다.

B   **Go** across **the hallway.** 복도를 가로질러 가세요.

go across/straight/left/down = 건너/직진해서/왼쪽으로/아래로 가세요

☞ 길 안내를 하는 표현. 길 안내를 할 경우에는 동사원형으로 시작하는 명령형
문장형태로 말함

⇒ **Just go straight down.** 그냥 쭉 가시면 돼요.

⇒ **Go two blocks and you will see it.** 두 블록 가면 보일 거예요.

A   **Thank you. I** appreciate **it.** 감사합니다. 정말 고마워요.

appreciate 명사 = 명사에 대해 고맙게 생각하다.

☞ thank you 또는 thanks 뒤에 연결하여 고마운 마음을 다시 한번 강조하여 전달
하는 표현

⇒ **I appreciate that.** 감사해요.

⇒ **I'd appreciate it if you do that.** 그래 주시면 감사하겠습니다.

1 편리한 :

2 첫, 처음의 :

3 가로질러 :

4 고맙게 생각하다 :

1 이것을 찾고 있나요? :

2 편의점은 3층에 있습니다. :

3 길을 건너가세요. :

4 감사합니다. 정말 고마워요. :

친절한 영어 : 층수 말하기

- 층수는 반드시 서수로 말합니다.
- 층수를 말할 때 미국식 영어와 영국식 영어는 다음과 같은 차이가 있습니다.

	미국식 영어	영국식 영어
• 1층	• first floor	• ground floor
• 2층	• second floor	• first floor
• 3층	• third floor	• second floor
• 4층	• fourth floor	• third floor
• 5층 ~	• fifth floor	• fourth floor
• 꼭대기층	• top floor	• top floor
• 지하 1층	• first basement	• first basement
• 지하 2층	• second basement	• second basement

❖ on _____ 층수 _____ floor

- '몇 층에'라고 할 때는 반드시 전치사 on을 앞에 씁니다.
  The P.J.'s Restaurant is on the fifth floor.
  The Bar is on the top floor.
  Convenient store is on the first basement.

❖ to _____ 층수 _____ floor

- '몇 층으로'라고 할 때는 전치사 to를 앞에 씁니다.
  Take the elevator to the third floor.
  Go to the second floor and you'll see it.

10 거기 꼭 가보셔야 해요

Self-CHECK ☐ 빈칸 채우기 ☐ 보카학습 ☐ 패턴학습 ☐ 말하기

STEP 1

A **Could you _____ a good restaurant?** 좋은 레스토랑을 추천해 주실 수 있나요?

B **You should try P.J.'s restaurant _____ here.**

근처에 있는 P.J. 레스토랑을 가보셔야 해요.

B **It's only a 5-minute _____.** 걸어서 5분 거리예요.

A **How is the food _____ ?** 거기 음식이 어떤가요?

STEP 2

recommend ~을 추천하다

⇒ **What would you recommend?** 추천해 주시겠어요?

⇒ **He recommended this book for me.** 그가 이 책을 추천해 줬어.

near 근처, 가까이

⇒ **The hotel is near the airport.** 그 호텔이 공항에서 가까워요.

⇒ **It's near here.** 거긴 여기서 가까워.

walk 보행거리

⇒ **It's a short/long walk.** 도보로 짧은/먼 거리야.

⇒ **He lives within a short walk of school.**

그는 학교에서 몇 걸음 안 되는 곳에 살아.

there 거기에, 그곳에

⇒ **Stay there.** 거기 있어.

⇒ **I'm on my way there.** 거기 가는 중이야.

A **Could you** recommend **a good restaurant?** 좋은 레스토랑을 추천해 주실 수 있나요?

Could you recommend 명사 = 명사를 추천해 주실 수 있나요?

☞ 레스토랑 또는 메뉴 등의 추천을 요청하는 정중한 표현

⇒ **Could you recommend anything good?** 아무거나 맛있는 것 좀 추천해 주시겠어요?

⇒ **Could you recommend some wine for us?** 저희에게 와인을 추천해 주실 수 있나요?

B **You should try P.J.'s restaurant** near **here.**

근처에 있는 P.J. 레스토랑을 가보셔야 해요.

should 동사 = 동사하는 게 좋겠다, 해야 한다

☞ ~해보실 것을 적극 추천하는 표현

⇒ **You should call her.** 그녀에게 전화해 보는 게 좋겠어.

⇒ **We should try this.** 우리 이거 해봐야 해.

B **It's only a 5-minute** walk**.** 걸어서 5분 거리예요.

It's a 숫자-minute walk = 걸어서 숫자분 거리이다.

☞ 걸어서 ~정도 걸리는 거리임을 설명하는 표현

⇒ **It's 10-minute walk.** 걸어서 10분 거리예요.

⇒ **It's only 3-minute walk.** 걸어서 겨우 3분 거리예요.

A **How is the food** there**?** 거기 음식이 어떤가요?

How is/are 명사 = 명사는 어때요?

☞ ~에 대한 상대방의 의견을 묻는 표현

⇒ **How is it?** 그거 어때요?

⇒ **How are these sweaters?** 이 스웨터들 어때?

1   ~을 추천하다 :

2   ~하는 게 좋겠다 :

3   거기, 그곳에 :

4   보행거리 :

1   와인 좀 추천해 주실 수 있나요? :

2   그곳에 꼭 가보셔야 해요. :

3   걸어서 5분 거리예요. :

4   거기 음식이 어떤가요? :

친절한 영어 : 권유, 추천하기

• 고객은 직원에게 레스토랑이나 메뉴, 주변 관광지 등 다양한 상황에서 직원에게 추천을 요청합니다. 고객의 추천에 답변할 때는 다음과 같이 쉽고 친절하게 영어로 추천해 보세요.

❖ **You should try : ~해봐야 해**

> You should try this. It's out of this world.
> 너 이거 먹어봐야 해. 완전 맛있어.
> You should try the cake at that bakery.
> 그 베이커리의 케이크 꼭 먹어봐야 해.

❖ **Why don't you : ~하는 건 어때?**

> Why don't you take a break? 좀 쉬는 건 어때?
> Why don't you try this dress on? 이 드레스 입어보는 건 어때?
> Why don't you try the restaurant around the corner?
> 코너길에 레스토랑을 가보시는 게 어때요?

❖ **I highly recommend : ~하기를 강력히 추천합니다.**

> I highly recommend the seafood platter here. 여기선 해산물 플래터를 강력히 추천해.
> I highly recommend the chef's special. 셰프 스페셜 요리를 적극 추천합니다.

❖ **How about : ~하는 건 어때?**

> How about eating out tomorrow? 내일 외식하는 건 어때?
> How about we order pizza tonight? 오늘밤 피자 주문할까?
> How about taking a seat in the lobby? 로비에 앉으시는 건 어떠세요?

11 왕복 항공권을 예약하려고요

Self-CHECK ☐ 빈칸 채우기 ☐ 보카학습 ☐ 패턴학습 ☐ 말하기

STEP 1

A **I'd like to book a _____ ticket from Seoul to New York.**
서울에서 뉴욕 왕복표를 예약하려고요.

B **When would you like to _____ , sir?** 언제 여행하시려고요?

A **I'd like to leave on June 15 and _____ on July 1.**
6월 15일에 출발해서 7월 1일에 돌아오고 싶어요.

B **One _____ , please. Let me check for you.** 잠시만요. 확인해 드릴게요.

STEP 2

round- 왕복

trip
⇒ **round trip ticket** 왕복표
⇒ **round trip fare** 왕복요금

travel 가다, 여행하다
⇒ **I'm going to travel around the world.** 나 세계여행 할 거야.
⇒ **He travels long distance every day for work.**
그는 매일 출근을 위해 장거리를 갑니다.

return 되돌아가다
⇒ **He returned from New York last week.** 그는 지난주에 뉴욕에서 돌아왔어.
⇒ **When will you return home?** 언제 집에 돌아올 거야?

moment 잠깐
⇒ **Can you wait a moment?** 잠시만 기다려줄래?
⇒ **I'll be ready in a moment.** 금방 준비돼.

A **I'd like to book a** round-trip **ticket from Seoul to New York.**

서울에서 뉴욕 왕복표를 예약하려고요.

I'd like to book/reserve 명사 = 명사 를 예약하다

☞ 항공권, 레스토랑, 여행상품 등 모든 서비스를 예약할 때 사용하는 정중한 표현

⇒ **I'd like to reserve a table.** 식사 예약하려고요.

⇒ **I'd like to book a round.** 라운딩 예약하려고요.

B **When would you like to** travel**, sir?** 언제 여행하시려고요?

When would you like to 동사 = 언제 동사 하기를 원하시나요?

☞ 예약을 원하는 날짜 또는 시간을 확인하는 정중한 표현

⇒ **When would you like to leave?** 언제 출발하시나요?

⇒ **When would you like to fly?** 언제 비행하기를 원하시나요?

A **I'd like to leave on June 15 and** return **on July 1.**

6월 15일에 출발해서 7월 1일에 돌아오고 싶어요.

leave on 날짜1 and return on 날짜2 = 날짜1에 출발하여 날짜2에 돌아오다.

☞ 출발일과 돌아오는 날짜를 명확히 설명하는 표현

⇒ **I'm leaving on 15th and returning on 17th.** 15일에 가서 17일에 돌아와.

⇒ **I'll return on June 21st.** 난 6월 21일에 돌아올 거야.

B **One** moment**, please. Let me check for you.** 잠시만요. 확인해 드릴게요.

One moment, please. = 잠시만요.

Let me 동사 = 동사 해 드리겠습니다.

☞ 고객을 기다리게 해야 할 때, 기다려달라고 부탁하는 표현

⇒ **Please, hold on a moment.** (통화 중) 잠시만 기다려주세요.

⇒ **One moment, please. I'll be right with you.** 잠시만요. 금방 도와드릴게요.

1 왕복표 :

2 여행을 하다 :

3 돌아가다 :

4 잠깐 :

1 서울에서 뉴욕 왕복표를 예약하려고요. :

2 언제 여행하시려고요? :

3 2월 15일에 출발해서 2월 21일에 돌아오고 싶어요. :

4 잠시만요, 확인해 드릴게요. :

친절한 영어 : 날짜 말하기 1

서비스 직원은 예약받는 과정에서 반드시 날짜를 확인합니다. 날짜를 말할 때는 다음과 같은 순서로 합니다.

- **영국식 영어 : DD/MM/YY** 영국식 영어에서는 날짜를 말할 때 day, month, 그리고 year 순으로 나열합니다. 일반적인 대화에서 year는 생략하며 필요시에만 언급합니다.

  쓰기 : 21/10/25 or 21 October, 2025 or 21st October, 2025
  말하기: the twenty-first of October, two thousand twenty five

- **미국식 영어 : MM/DD/YY** 미국식 영어에서는 날짜를 말할 때 month, day, 그리고 필요할 경우 year 순으로 나열합니다.

  쓰기 : 10/21/25 or October 21, 2025 or October 21st, 2025
  말하기: October (the) twenty-first, two thousand twenty five

- 공식문서나 서면에서 날짜는 숫자로, 달은 이름으로, 연은 숫자로 씁니다.
- 구어에서 날짜는 서수로, 달은 이름으로, 연은 숫자 그대로 말합니다.

	한국어	미국식 영어	영국식 영어
쓰기	2025.10.21	• 10/21/25 • October 21, 2025 • October 21st 2025	• 21/10/25 • 21 October, 2025 • 21st October, 2025
말하기	25년 10월 21일	October (the) twenty-first, two thousand twenty five	the twenty-first of October, two thousand twenty-five

12 창가좌석을 선호해요

Self-CHECK ☐ 빈칸 채우기 ☐ 보카학습 ☐ 패턴학습 ☐ 말하기

STEP 1

A **Would you like a window seat or an _____ seat?**
통로좌석을 원하시나요, 창가좌석을 원하시나요?

B **I _____ a window seat.** 전 창가좌석을 선호해요.

B **But I don't _____ an aisle seat, either.** 하지만 통로좌석도 상관없어요.

A **Alright. You're all _____ .** 알겠습니다. 다 되셨습니다.

STEP 2

aisle 통로
⇒ **I always ask for an aisle seat.** 난 항상 통로좌석으로 요청해.
⇒ **Here are the grocery aisles.** 여기가 식료품 라인입니다.

prefer 선호하다
⇒ **I prefer tea to coffee.** 난 커피보다 차를 선호해.
⇒ **Do you prefer green?** 초록색 선호하니?

mind 꺼리다
⇒ **I don't mind it.** 괜찮아요./상관없어요.
⇒ **Never mind.** 신경 쓰지 마./괜찮아요./됐어요.

set 준비된
⇒ **Are we all set?** 우리 다 된 건가요?
⇒ **We're all set.** 다 준비됐습니다.

A **Would you like a window seat or an** aisle **seat?**

통로 자리를 원하시나요, 창가 자리를 원하시나요?

Would you like A or B = A를 원하십니까? B를 원하십니까?

☞ 둘 중에 어떤 것을 선호하는지 의사를 묻는 정중한 표현

⇒ **Would you like coffee or tea?** 커피를 원하세요? 차를 원하세요?

⇒ **Would you like beef of chicken?** 소고기를 드릴까요? 치킨을 드릴까요?

B **I** prefer **a window seat.** 전 창가좌석을 선호해요.

prefer 명사 = 명사를 선호하다.

☞ 선택지 중 하나를 선택하면서 자기 의사를 말하는 표현

⇒ **I prefer an aisle seat.** 전 통로좌석을 선호해요.

⇒ **I prefer hot tea.** 전 따뜻한 차가 좋아요.

B **But I don't** mind **an aisle seat, either.** 하지만 통로 자리도 상관없어요.

I don't mind 명사, either = 명사도 상관없어요.

☞ 여의치 않다면 이것도 꺼리진 않는다는 표현

⇒ **I don't mind a window seat, either.** 창가좌석도 괜찮아요.

⇒ **I don't mind it, either.** 그것도 괜찮아요.

A **Alright. You're all** set. 알겠습니다. 다 되셨습니다.

all 형용사 = 완전, 모두 형용사한

☞ all set은 예약절차나 주문절차 등이 모두 끝나서 다 준비되었다고 안내하는 표현

⇒ **You're all set, now.** 이제 다 되었습니다.

⇒ **We're all done.** 저희는 모두 마쳤어요.

1 통로 :

2 선호하다 :

3 꺼리다 :

4 준비된 :

1 통로 자리를 원하시나요, 창가 자리를 원하시나요? :

2 전 통로좌석을 선호해요. :

3 하지만 창가 자리도 상관없어요. :

4 다 되셨습니다. :

친절한 영어 : 선호사항 확인하기

서비스 직원은 고객과의 대화 중에 자연스럽게 고객의 요청사항을 정확히 파악해야 합니다.
여러 선택지 중에 고객이 원하는 것이 무엇인지를 정확히 파악해야 할 때는 'A와 B 중 어떤 것을 원하십니까?'라고 친절한 영어로 말해보세요.

- 커피를 드릴까요? 차를 드릴까요?
- 따뜻한 커피를 원하세요? 아이스커피를 원하세요?
- 창가좌석과 통로좌석 중 어떤 것을 원하십니까?

서비스 직원이 고객의 선호나 기호를 묻는 친절한 영어 표현

❖ Would you like A or B

Would you like a window or an aisle seat?
Would you like coffee or tea?

❖ Would you prefer A or B

Would you prefer hot or iced coffee?
Would you prefer red or white wine?

❖ What would you like, A or B

What would you like, draft or bottled beer?
What would you like, small or large?

❖ What do you prefer, A or B

What do you prefer, smoking or non-smoking?
What do you prefer, ocean or city view?

13 위탁수하물이 있나요

Self-CHECK ☐ 빈칸 채우기 ☐ 보카학습 ☐ 패턴학습 ☐ 말하기

STEP 1

A **May I see your** _____ , **please?** 여권을 보여주시겠습니까?

A **Do you have any** _____ **to check?** 위탁수하물이 있나요?

B **Yes**, **I have two** _____. 여행가방 2개가 있어요.

A **Would you please** _____ **them on the scale?**

그것들을 저울에 올려주시겠습니까?

STEP 2

passport   여권

⇒ **Don't forget your passport.** 여권 잊지 마세요.

⇒ **He's got a British passport.** 그는 영국여권을 가지고 있어.

baggage   수하물

⇒ **I only have carry-on baggage.** 전 기내수하물만 있어요.

⇒ **Have a name tag on each piece of baggage.**

각 수하물에 이름표를 붙여주세요.

suitcase   여행가방

⇒ **My suitcase is full.** 내 가방은 꽉 찼어.

⇒ **Did you unpack your suitcase?** 짐 다 풀었니?

put   놓다, 두다

⇒ **Put it down.** 내려놔.

⇒ **I'll put it back.** 제가 갖다 놓을게요.

A   **May I see your** passport, **please?** 여권을 보여주시겠습니까?

May I see 명사, please. = 명사를 보여주시겠습니까?

☞ 무엇을 잠시 보여줄 것을 요청하는 정중한 표현

⇒ **May I see your picture ID?** 사진이 있는 신분증을 보여주시겠습니까?

⇒ **May I see your boarding pass?** 탑승권을 보여주시겠습니까?

A   **Do you have any** baggage **to check?** 위탁수하물이 있나요?

Do you have any 명사 = 명사를 가지고 계신가요?

☞ '있나요? 없나요?'를 물을 때 쓰는 표현

⇒ **Do you have any money?** 돈 좀 있니?

⇒ **Do you have any hobbies?** 취미가 있나요?

B   **Yes**, **I have two** suitcases. 여행가방 2개가 있어요.

I have 명사 = 저는 명사를 (가지고) 있어요.

☞ '제게 ~가 있어요.'를 표현할 때 사용

⇒ **I have a little sister.** 난 여동생이 하나 있어.

⇒ **I have a pen.** 나 펜 있어.

A   **Would you please** put **them on the scale?**

그것들을 저울에 올려주시겠습니까?

put 명사 on 장소 = 장소에 명사를 놓다.

☞ '무엇을 어디에 놓다'라는 의미로 공항 체크인 시 수하물을 저울에 올려놓아
달라고 부탁하는 전형적인 표현

⇒ **Would you put your bags on it.** 가방을 그곳에 놓아주시겠습니까?

⇒ **I put your key on the rack.** 키는 선반에 놓았어요.

STEP 4

1   여권 :

2   수하물 :

3   여행가방 :

4   놓다 :

STEP 5

1   여권을 보여주시겠습니까? :

2   위탁수하물이 있나요? :

3   여행가방 2개가 있어요. :

4   그것들을 저울에 올려주시겠습니까? :

친절한 영어 : any, anything, some, something

대화문 속에 자주 포함되는 any, anything, anybody, 그리고 some, something, somebody는 다음과 같이 분류하여 상황에 맞게 사용됩니다.

❖ **some : 긍정문**

I have some money.

I'm going to buy some clothes.

There's some ice in the fridge.

❖ **any : 부정문**

I don't have any money.

I'm not going to buy any clothes.

There isn't any milk in the fridge.

❖ **some : 요청문과 제안문**

Would you like some coffee?

Can I have some water?

Can you lend me some money?

❖ **any : 대부분의 의문문**

Is there any ice in the fridge?

Does he have any friends?

Do you need any help?

❖ **명사 없이 홀로 사용 가능**

I didn't take any pictures, but P.J. took some. (= some pictures)

You can have some coffee, but I don't want any. (= any coffee)

Where's your luggage?/I don't have any. (= any luggage)

❖ **something/somebody**

She said something.

I saw somebody.

Would you like something to eat?

Someone's at the door.

❖ **anything/anybody**

She didn't say anything.

I didn't see anybody.

Are you doing anything tonight?

Has anyone seen Mr. Jung?

• Anything/Anybody는 주로 부정문과 의문문에서 사용되고, Something/Somebody는 긍정문과 요청문에서 사용됩니다.

• 'Some'을 의문문에서 사용하는 경우, 일반적으로 제안하거나 요청할 때 사용됩니다.

14 물러섰다가 다시 시도해 주세요

Self-CHECK □ 빈칸 채우기 □ 보카학습 □ 패턴학습 □ 말하기

STEP 1

A **Please** _____ **back and try again.** 물러섰다가 다시 시도해 주세요.

B **I have nothing in my** _____ **.** 주머니에는 아무것도 없는데요.

A **You have to** _____ **your shoes, too.** 신발도 벗으셔야 합니다.

B **Oh, that's** _____ **!** 아, 그래서 그렇구나.

STEP 2

step 걸음을 내딛다, 발을 디디다

⇒ **She stepped out the door.** 그녀가 밖으로 나갔어.

⇒ **Ow, you stepped on my foot.** 아야, 너 내 발 밟았어.

pocket 주머니

⇒ **Take the coins out of your pocket.**
주머니에서 동전을 꺼내주세요.

⇒ **It was in my coat pocket.** 그거 코트주머니에 있었어.

take off (옷, 모자 등을) 벗다

⇒ **He took his hat off.** 그는 모자를 벗었다.

⇒ **I took off my shoes.** 난 신발을 벗었어.

why 이유

⇒ **That is why I like you.** 그게 널 좋아하는 이유야.

⇒ **This is why I love my child.** 이게 내가 내 아이를 사랑하는 이유야.

A **Please** step **back and try again.** 물러섰다가 다시 시도해 주세요.

step back/forward/up = 물러서다/앞으로 가다/올라서다

try again 다시 한번 시도하다.

☞ 보안검색대를 다시 통과해 줄 것을 요청하는 표현

⇒ **We need to step back now.** 여기서 한 걸음 물러나야 해.

⇒ **Let's just step back and think again.** 앞으로 되돌아가서 다시 생각해 보자.

B **I have nothing in my** pocket. 주머니에는 아무것도 없는데요.

I have nothing = 아무것도 없다.

in 명사 = 명사의 안에

☞ 보안검색대를 통과할 때 '아무것도 없음'을 설명하는 표현

⇒ **I have nothing in my room.** 제 방 안에는 아무것도 없어요.

⇒ **I have nothing to declare.** 신고할 것이 없습니다.

A **You have to** take off **your shoes, too.** 신발도 벗으셔야 합니다.

you have to 동사 = 동사하셔야 합니다.

☞ (규정 등에 따라) '반드시 ~해야 한다'고 설명하는 표현

⇒ **You have to pay extra.** 추가요금을 내셔야 합니다.

⇒ **You have to do it now.** 이거 지금 해야 해.

B **Oh, that's** why! 아, 그래서 그렇구나.

That's why! = 그래서 그렇구나!

☞ 인지하지 못했던 것을 방금 알게 되었을 때 사용하는 표현

⇒ **My belt! That's why!** 앗, 벨트 때문이군요. 그래서 그렇군요.

⇒ **He was hungry. That was why.** 그가 배가 고팠네. 그래서 그랬구나.

STEP 4

1   발을 내디디다 :

2   주머니 :

3   (옷, 모자 등을) 벗다 :

4   이유 :

STEP 5

1   물러서셨다가 다시 시도해 주세요. :

2   주머니에는 아무것도 없는데요. :

3   신발도 벗으셔야 합니다. :

4   아, 그래서 그렇구나. :

친절한 영어 : 알아두면 유용한 항공사 용어 1

- flight 항공편
- fare 운임
- class 좌석 등급(economy, business, first, premium 등)
- aisle/window/middle seat 통로/창가/중앙 좌석
- baggage 수하물
- checked baggage 위탁수하물
- carry-on baggage 기내반입 수하물
- baggage claim tag 수하물 증표
- free baggage allowance 무료 수하물 허용량
- excess baggage 초과 수하물
- excess baggage charge 초과 수하물 요금
- boarding pass 탑승권
- flight attendant 승무원
- cabin crew 기내 승무원
- captain 기장
- configuration 좌석배치도
- cancellation charge 취소 수수료
- round trip 왕복여행
- circle trip 출발지와 도착지가 동일지점으로 항로가 중복되지 않고 돌아오는 일주 관광
- final destination 최종 목적지
- upgrade/downgrade 상위/하위 등급으로 변경
- fast track 패스트 트랙
- UM : unaccompanied minor 미동반 어린이(3개월~12세 미만의 어린이로 성인 보호자를 동반하지 않고 단독 여행을 하는 경우)
- itinerary 일정표

15 탑승권을 보여주시겠어요

Self-CHECK ☐ 빈칸 채우기 ☐ 보카학습 ☐ 패턴학습 ☐ 말하기

STEP 1

A **May I see your boarding _____, please?** 탑승권을 보여주시겠습니까?

B **Yes, _____ you are.** 네, 여기요.

A **May I help you with your _____?** 소지품을 도와드릴까요?

B **Yes, please. Can I put this in the overhead _____?**
이거 머리 위 짐칸에 넣어도 되나요?

STEP 2

pass (통행)권, 통행(허가)증
⇒ **a bus pass** 버스 탑승권
⇒ **a boarding pass** 탑승권

here (남의 주의를 끌고자 할 때 문장 앞에 써서) 자!
⇒ **Here we go~** 자, 출발~
⇒ **Here she comes!** 그녀가 온다.

belongings 소지품
⇒ **Make sure you have all your belongings with you.**
소지품을 다 챙겼는지 확인하세요.
⇒ **I've left my personal belongings in the room.**
소지품을 방에 놓고 왔네요.

bin 큰 상자, 큰 저장용기
⇒ **overhead bin** 머리 위 수납함
⇒ **trash bin** 쓰레기통

A **May I see your boarding** pass, **please?** 탑승권을 보여주시겠습니까?

May I see 명사, please? = 명사를 보여주시겠습니까?

☞ 고객에게 무엇을 잠시 달라고 요청하는 정중한 표현

⇒ **May I see your passport, please?** 여권을 보여주시겠습니까?

⇒ **May I see it?** 그거 잠시만 봐도 될까요?

B **Yes,** here **you are.** 네, 여기요.

Here 주어 명사 = 자, 여기요./여기 있어요.

☞ here를 문장의 맨 앞에 써서 상대방의 주목을 끄는 표현

☞ 무엇인가를 제시하거나 건네줄 때 '자 이거 받으세요'와 같은 의미로 사용

⇒ **Here we are.** 여기 있습니다.

⇒ **Here you go.** 여기 있습니다./※ 잘했어!

A **May I help you with your** belongings**?** 소지품 올리는 것을 도와드릴까요?

☞ help 누구 with 명사 = 명사를 ~하시는 것을 도와드릴까요?

☞ ~에 도움을 드리겠다고 제안하는 공손한 표현

⇒ **Can I help you with your coat?** 코트를 받아드릴까요?

⇒ **Can you help me with this?** 나 이것 좀 도와줄래?

B **Yes, please. Can I put this in the overhead** bin**?**

네. 이거 머리 위 짐칸에 넣어도 되나요?

put 명사 in 장소 = 명사를 장소에 집어넣다.

☞ 명사를 어디에 넣어도 되는지 묻는 표현

⇒ **I put the key in my purse.** 키는 내 가방에 넣었어.

⇒ **Can you put it in the drawer?** 그거 서랍장에 넣어줄래?

STEP 4

1 (통행)권 :

2 자! :

3 소지품 :

4 머리 위 짐칸 :

STEP 5

1 탑승권을 보여주시겠습니까? :

2 (물건을 건넬 때) 네, 여기요. :

3 소지품 올리는 것을 도와드릴까요? :

4 이거 머리 위 짐칸에 넣어도 되나요? :

친절한 영어 : 요청하기

탑승수속이나 입실수속 등 고객을 응대하는 과정에서 필요한 경우 고객의 물건을 확인해야 할 때가 있습니다. 고객의 물건을 확인하기 위해 보여줄 것을 요청할 때는 May I see 또는 Could/Can I see 표현을 사용합니다.

고객에게 ~을 보여주기를 요청할 때는 '~을 보여주시겠습니까?'라고 친절한 영어로 말해보세요.

그리고 탑승권이나 객실 키, 여권이나 신분증, 메뉴나 계산서 등 다양한 물건을 주고받을 때는 '네, 여기 ~입니다'라고 친절한 영어로 말을 건네보세요.

❖ **May I see your ~ : 고객님의 ~을 보여주시겠습니까?**

May I see your passport, please? 여권을 보여주시겠습니까?

May I see your picture ID, please? 신분증을 보여주시겠습니까?

May I see your driver's license, please? 면허증을 보여주시겠습니까?

May I see your voucher, please? 바우처를 보여주시겠습니까?

May I see your boarding pass? 탑승권을 보여주시겠습니까?

❖ **Here 주어 동사 : 여기 있습니다.**

Here you are./Here you go. 네, 여기요.

Here's your boarding pass. 여기 탑승권입니다.

Here's your ID. 여기 신분증 받으세요.

Here's your key card. 여기 고객님 키카드입니다.

Here are the menu and the wine list. 여기 메뉴와 와인목록입니다.

Here's your bill. 여기 계산서입니다.

※ Here we are. 도착했습니다.

16 조심하세요. 매우 뜨거워요

Self-CHECK ☐ 빈칸 채우기 ☐ 보카학습 ☐ 패턴학습 ☐ 말하기

STEP 1

A **What would you like, _____ or fish?** 소고기와 생선 중 무엇을 드시겠습니까?

B **I'll have the beef, and _____ apple juice, please.**
소고기로 주세요, 그리고 사과주스도요.

A **Would you mind opening your _____ table?**
트레이 테이블을 펼쳐주시겠습니까?

A **Here we are. Please be _____ . It's very hot.**
여기요. 조심하세요. 매우 뜨거워요.

STEP 2

beef 소고기
⇒ **Bulgogi is marinated beef.** 불고기는 양념 소고기입니다.
⇒ **Bulgogi is known as the Korean barbeque beef.**
불고기는 한국의 소고기 바비큐라고 알려져 있습니다.

some 좀
⇒ **Can I have some bread?** 빵 좀 주시겠어요?
⇒ **Let's get some work done.** 일 좀 합시다.

tray 쟁반, 트레이
⇒ **Put those on the tray.** 트레이 위에 놓아두세요.
⇒ **Here's the serving tray.** 서빙 트레이 여기 있어요.

careful 주의하는, 조심스러운
⇒ **Be careful not to make the same mistake.**
같은 실수를 되풀이하지 않도록 주의해.
⇒ **Be careful with the glasses.** 그 잔들 조심히 다뤄주세요.

A **What would you like**, beef **or fish?** 소고기와 생선 중 무엇을 드시겠습니까?

What would you like, A or B = A 또는 B, 어떤 것을 원하십니까?

☞ 둘 중 무엇을 원하는지 고객의 선택을 묻는 정중한 표현

⇒ **What would you like, a window or an aisle?**

창가좌석이나 통로좌석, 어떤 것을 원하세요?

⇒ **What would you like, draft or bottled?** 생맥주를 드릴까요? 병맥주를 드릴까요?

B **I'll have the beef, and** some **apple juice, please.**

소고기로 주세요, 그리고 사과주스도요.

I'll have 메뉴 = 메뉴로 주세요.

☞ '저는 이걸로 할게요' 또는 '이걸로 주세요'와 같은 의미로 메뉴를 선택할 때 사용
하는 표현

⇒ **I'll have white wine.** 전 화이트와인으로 할게요.

⇒ **I'll have this one.** 전 이걸로 주세요.

A **Would you mind opening your** tray **table?**

트레이 테이블을 펼쳐주시겠습니까?

Would you mind 동사ing= 동사해 주시겠습니까?

☞ 정중하게 무언가를 요청할 때 사용하는 표현

⇒ **Would you mind closing the window?** 창문을 닫아주시겠습니까?

⇒ **Would you mind sitting over here?** 이쪽으로 앉아주시겠습니까?

A **Here we are. Please be** careful. **It's very hot.**

여기요. 조심하세요. 매우 뜨거워요.

be careful = 조심하세요. 주의하세요.

☞ 주의를 기울여달라고 요청하는 정중한 표현

⇒ **Be careful. That knife is sharp.** 조심해. 칼이 날카로워.

⇒ **It's slippery. Be careful.** 미끄럽습니다. 주의하세요.

1   소고기 :

2   좀 :

3   쟁반, 트레이 :

4   주의하는, 조심스러운 :

---

1   소고기로 드릴까요? 생선으로 드릴까요? :

2   소고기로 주시고요, 사과주스도 좀 주세요. :

3   트레이 테이블을 펴주시겠습니까? :

4   뜨거우니 조심하세요. :

친절한 영어 : 요청하기

서비스 직원이 고객에게 ~해 주실 것을 요청할 때는 Could/Can you ~와 같은 표현으로 직접적으로 요청할 수도 있지만, 간접적으로 부드럽게 표현하여 더욱 정중하게 요청할 수도 있습니다.

mind는 '언짢아하다, 상관하다'라는 의미인데, 공손함을 나타내는 would you와 함께 Would you mind ~ing 표현을 사용하여 직역하면 '~하시는 것을 꺼리시나요?' 즉, '~해 주시면 안 될까요?' 또는 '~해 주시겠습니까?'의 의미로 전달됩니다.

고객에게 무언가 해주실 것을 요청할 때는 다음과 같이 '~해 주시겠습니까?'라고 친절한 영어로 말해보세요.

- 트레이 테이블을 펴주시겠습니까?
- 창문 쉐이드를 내려주시겠습니까?
- 문을 닫아주시겠습니까?
- 여기서 잠시 기다려주시겠습니까?

서비스 직원이 고객에게 정중히 요청하는 영어 표현

❖ **Would you mind ~ing : ~해 주시겠습니까?**

Would you mind opening the tray table?
Would you mind closing the window shade?
Would you mind closing the door?
Would you mind waiting here for a minute?

❖ **Could you 동사 : ~해 주시겠습니까?**

Could you open the tray table?
Could you close the window shade?
Can you close the door?
Could you wait here for a minute?

17 방문목적이 무엇입니까

Self-CHECK ☐ 빈칸 채우기 ☐ 보카학습 ☐ 패턴학습 ☐ 말하기

STEP 1

A What's the purpose of your _____ ? 방문목적이 무엇입니까?

B I'm here on _____ . 휴가 왔어요.

A How long are you going to _____ ? 얼마 동안 머무실 건가요?

B I'm staying here for a _____ of weeks. 전 2주간 있을 거예요.

STEP 2

visit　방문

⇒ It's my first visit to Korea. 한국은 첫 방문입니다.

⇒ Sorry, I can't stop for a coffee. This is just a flying visit.
커피도 한잔 못 해서 미안해. 정말 짧은 방문이라.

vacation　휴가

⇒ She's on vacation. 그녀는 휴가 중이야.

⇒ We always went on vacation in July. 우린 늘 7월에 휴가를 갔어.

stay　머무르다, 체류하다

⇒ I'll stay home. 집에 있을 거야.

⇒ Can you stay after work? 퇴근 후 남아 있을 수 있나요?

couple　둘, 두 개

⇒ Take a couple of days off. 이틀 정도 쉬세요.

⇒ I'm packing a couple of sweaters in case it gets cold.
추워질 것 같아서 스웨터 두 개를 챙기고 있어요.

A   **What's the purpose of your** visit**?** 방문목적이 무엇입니까?

the purpose of 명사 = 명사의 목적

☞ 입국심사 시 입국목적을 묻는 전형적인 표현

⇒ **What's the purpose of your visit?** 미국 방문목적이 무엇입니까?

⇒ **What's the purpose of your trip?** 여행목적이 무엇입니까?

B   **I'm here on** vacation**.** 휴가 왔어요.

on vacation = 휴가 중에

I'm here = ~하러 왔어요.

☞ 여기 온 목적을 설명하는 표현. 입국심사 시 유용하게 사용

⇒ **I'm here on business.** 출장 왔습니다.

⇒ **I'm here for sightseeing.** 관광하러 왔어요.

A   **How long are you going to** stay**?** 얼마 동안 머무실 건가요?

How long are you going to 동사 = 얼마 동안 동사할 거예요?

☞ 체류기간을 묻는 표현

⇒ **How long are you going to be here?** 여기 얼마나 있을 거니?

⇒ **How long are you going to wait?** 얼마나 기다릴 거예요?

B   **I'm staying here for a** couple **of weeks.** 전 2주간 있을 거예요.

 I'm 동사ing = 나는 동사할 거야.

☞ 이미 정해져 있는 미래, 즉 확정된 또는 확실한 미래의 행동을 나타내는 표현

⇒ **I'm working this weekend.** 이번 주말엔 일할 거야.

⇒ **I'm studying tonight.** 오늘밤엔 공부할 거야.

1 방문 :

2 휴가 :

3 머무르다 :

4 둘, 두 개 :

1 방문목적이 무엇입니까? :

2 휴가 왔어요. :

3 얼마 동안 머무실 건가요? :

4 전 2주간 있을 거예요. :

친절한 영어 : 출입국 심사

해외여행 시 거쳐야 하는 CIQ(customs, immigration, quarantine) 절차에서 특히 immigration(출입국심사)은 생략할 수 없는 필수 절차입니다. 출입국관리를 위한 entry interview(입국심사)에서는 일반적으로 방문목적, 체류기간, 체류장소를 확인합니다. 다음과 같은 질문 유형을 꼭 기억하고 답변을 준비해 보세요.

❖ 방문목적

• Q : What's the purpose of your visit? 방문목적이 무엇입니까?
  A : I'm here on vacation? 저는 휴가를 위해 왔어요.

• Q : Business or pleasure? 출장인가요, 관광인가요?
  A : Pleasure. 관광입니다.

❖ 체류기간

• Q : How long will you be staying? 얼마 동안 머무실 건가요?
• Q : How long are you going to stay?
  A : I'm staying for [기간]. 저는 [기간], 동안 머물 거예요.

• Q : What's the length of stay? 체류기간이 얼마나 되나요?
  A : It's 2 week's. 2주입니다.

❖ 체류장소

• Q : Where will you be staying? 어디에 머무를 예정인가요?
• Q : Where are you going to stay?
  A : I'm staying at [호텔이름]. 저는 [호텔이름]에서 머무를 거예요.

18 세관신고 하시나요

Self-CHECK ☐ 빈칸 채우기 ☐ 보카학습 ☐ 패턴학습 ☐ 말하기

STEP 1

A **Anything to _____?** 세관신고할 물건이 있습니까?

B **No, I have _____ to declare.** 아니요, 신고할 게 없습니다.

A **Do you have the _____ for this bag?** 이 가방을 구매한 영수증이 있습니까?

B **Here it is. I bought it at a _____ shop.** 여기요. 면세점에서 샀어요.

STEP 2

declare (세관) 신고하다

⇒ **Customs Declaration Form** 세관신고서

⇒ **You need to make a declaration at the customs house.**
세관에 신고해야 합니다.

nothing 아무것도 … 없다

⇒ **Nothing happened.** 아무 일도 없었어.

⇒ **What's the problem?/Nothing in particular.** 무슨 일이니?/별일 아니야.

receipt 영수증

⇒ **Can I have the receipt?** 영수증을 받을 수 있을까요?

⇒ **Would you like your receipt?** 영수증을 드릴까요?

duty-free 면세의

⇒ **duty-free goods** 면세 제품

⇒ **She had bought some duty-free perfume at the airport.**
그녀는 공항에서 면세 향수를 샀다.

A **Anything to** declare? 세관신고할 게 있습니까?

(Do you have) anything to 동사 = 동사할 것이 있습니까?

☞ 공항 세관을 통과하는 고객에게 신고 여부를 묻는 표현

⇒ **Anything to drink?** 마실 것 있니?

⇒ **Anything to eat?** 먹을 것 좀 있니?

B **No**, **I have** nothing **to declare.** 아니요, 신고할 게 없습니다.

nothing to 동사 = 동사할 것이 아무것도 없습니다.

☞ 세관신고 품목이 전혀 없음을 설명하는 표현

⇒ **I have nothing to do.** 할 일이 아무것도 없어.

⇒ **You have nothing to lose.** 잃을 게 없잖아./밑져야 본전

A **Do you have the** receipt **for this bag?**

이 가방을 구매한 영수증이 있습니까?

a receipt for 명사 = 명사의 영수증

☞ 구매확인을 위한 영수증을 보여달라고 요구하는 표현

⇒ **Let me see the receipt for it.** 그것 영수증을 보여주세요.

⇒ **Here is the receipt for it.** 영수증 여기 있어요.

B **Here it is. I bought it at a** duty-free **shop.**

여기요. 면세점에서 샀어요.

buy 명사 at 장소 = 장소에서 명사를 사다

☞ 그것을 어디서 구매했는지 설명하는 표현

⇒ **I bought this bag at the mall.** 백화점에서 이 백을 샀어.

⇒ **I'm going to buy a sweater at the shop.** 그 매장에서 스웨터를 살 거야.

1   (세관) 신고하다 :

2   아무것도 ~없다 :

3   영수증 :

4   면세의 :

1   세관신고할 게 있습니까? :

2   신고할 게 없습니다. :

3   이 가방을 구매한 영수증이 있습니까? :

4   여기요. 면세점에서 샀어요. :

친절한 영어 : any/anything/nothing

영어로 무엇이 있는지 없는지를 물을 때는 다음과 같이 '~이 있으세요?' 또는 '~할 것이 있으세요?'라고 친절한 영어로 말해보세요.

❖ **Do you have any ~ : ~ 있나요?**

Do you have any questions? 궁금한 게 있으세요?

Do you have any plans for tonight? 오늘 저녁에 계획(약속)이 있으세요?

❖ **Do you have anything to ~ : ~할 것이 있으세요?**

Do you have any baggage to check? 위탁할 수하물이 있으세요?

Do you have anything to declare? 세관신고할 것이 있으세요?

❖ **not anything/anybody/anyone**

I don't have any questions. 질문 없어요.

I don't have any plans tonight. 오늘밤 아무 약속도 없어요.

I don't have any baggage to check. 위탁할 수하물은 없습니다.

❖ **nothing/nobody/no one**

I have no questions. 질문 없어요.

I have no plans tonight. 오늘밤 아무 약속도 없어요.

I have nothing to declare. 신고할 것이 없습니다.

다음을 올바른 영어로 말해보세요.

1. 가방 안에는 아무것도 없어요. :

2. 아무것도 할 게 없어요. :

19 탑승안내 드립니다

Self-CHECK ☐ 빈칸 채우기 ☐ 보카학습 ☐ 패턴학습 ☐ 말하기

STEP 1

A **May I have your** _____ **please.** 주목해 주시기 바랍니다.

A **This will be the final** _____ **for P.J. Airlines flight 202** _____
for Seattle. 시애틀행 P.J.항공 202편, 마지막 탑승안내입니다.

A **May we kindly request all** _____ **passengers**
남아 계신 모든 승객 여러분께 정중히 요청합니다.
to board the aircraft at this time. Thank you.
지금 비행기에 탑승해 주시기 바랍니다. 감사합니다.

STEP 2

attention 주목
⇒ **Attention, please.** 안내말씀 드리겠습니다.
⇒ **Thank you for your attention.** 경청해 주서서 감사합니다.

call (비행기 출발의) 방송
⇒ **This is the last call for flight ~** ~항공편의 마지막 안내방송입니다.
⇒ **Final call for flight 202.** 202항공편 마지막 안내방송입니다.

bound for ~행, ~를 향한
⇒ **The train is bound for New York.** 이 열차는 뉴욕행입니다.
⇒ **The subway bound for 당산 is approaching the station.**
당산행 열차가 들어오고 있습니다.

remaining 남은
⇒ **Keep the remaining half for later.** 남은 절반은 나중을 위해 보관하세요.
⇒ **The remaining money will be donated to charity.**
남은 돈은 자선모금에 기부될 것입니다.

A **May I have your** attention **please.** 주목해 주시기 바랍니다.

have 누구 attention = 누구의 주목을 끌다.

☞ '여기 주목~!'과 같은 의미로, 안내방송을 시작하는 표현

⇒ **Attention please.** 주목해 주세요~!

⇒ **Can I have your attention.** 주목해 주세요.

A **This will be the final** call **for P.J. Airlines flight 202** bound **for Seattle.**

시애틀행 P.J.항공 202편, 마지막 탑승안내입니다.

take off = 이륙하다.

☞ 이륙 전 여러 차례의 탑승안내 방송 중 마지막 안내방송임을 설명하는 표현

⇒ **It's finally taking off.** 드디어 출발한다!

⇒ **We are about to take off now.** 이제 이륙하려고 합니다.

A **May we kindly request all** remaining **passengers**

남아 계신 모든 승객 여러분께 정중히 요청합니다.

kindly request = 정중히 요청하다

☞ ~을 해줄 것을 정중히 요청하는 표현

⇒ **We kindly request that you turn off your mobile phones during the flight.**
비행 중 핸드폰을 꺼주시기 바랍니다.

⇒ **We kindly request your love and support.** 여러분의 관심과 후원을 정중히 요청합니다.

to board the aircraft at this time. 지금 비행기에 탑승해 주시기 바랍니다.

Please board plane/ship/train = plane/ship/train에 탑승해 주세요.

☞ 비행기, 선박, 기차의 출발을 위해 승객의 탑승을 안내하는 표현

⇒ **Please board the train now.** 지금 탑승해 주시기 바랍니다.

⇒ **Please board the cruise ship.** 크루즈선에 탑승해 주세요.

1 주목 :

2 방송 :

3 ~행, ~를 향한 :

4 남은 :

1 주목해 주시기 바랍니다. :

2 P.J.항공 시애틀행 202편, 마지막 탑승안내입니다. :

3 남아 계신 모든 승객 여러분께 정중히 요청합니다. :

4 지금 비행기에 탑승해 주시기 바랍니다. :

친절한 영어 : 안내방송

서비스 현장에서는 고객을 1대1로 응대하기도 하지만 많은 고객을 대상으로 공지나 안내방송을 하기도 합니다.

안내방송이나 공지를 하기 위해서는 고객들이 주의 깊게 들을 수 있도록 집중해 주기를 먼저 요청합니다.

안내방송을 하기 전에는 다음과 같이 고객의 주의를 끌 수 있는 친절한 영어로 시작해 보세요.

❖ 신사숙녀 여러분~

Ladies and gentlemen.
일반적인 안내방송을 시작하는 표현

❖ 신사숙녀 여러분, 안녕하십니까?

Good morning, ladies and gentlemen.
시간에 따라 Good afternoon, 또는 Good evening으로 사용

❖ 잠시 집중해 주시기 바랍니다.

May I have your attention, please.
Attention, please.
We kindly ask for your attention.
고객의 주목을 끄는 공손한 표현

❖ 안내말씀 드리겠습니다.

We would like to make an announcement.
We would like to inform you of ~
안내방송을 시작하는 표현

20 좌석 등받이를 똑바로 세워주세요

Self-CHECK ☐ 빈칸 채우기 ☐ 보카학습 ☐ 패턴학습 ☐ 말하기

STEP 1

A Ladies and gentlemen. Now we're about to _____.
우리는 지금 착륙하려고 합니다.

A Please make sure that your seatbelt is _____
좌석벨트를 매셨는지 확인하시기 바랍니다.
and _____ your seat back to the _____ position.
좌석의 등받이를 (다시) 똑바로 세워주세요.

A Thank you for flying with us. 저희 항공편을 이용해 주셔서 감사합니다.

STEP 2

land   착륙하다
⇒ We will land at the Jeju airport shortly. 우리는 곧 제주공항에 착륙합니다.
⇒ The plane made a safe landing. 비행기가 무사히 착륙했습니다.

fasten   매다, 조이다
⇒ Fasten your seatbelt. 좌석벨트를 매세요.
⇒ Fasten the strap. 스트랩을 조이세요.

return   (원래의 장소, 상태로) 되돌려주다
⇒ I'd like to return this. 이것을 반품하고 싶은데요.
⇒ I need to return this book. 이 책 반납해야 해.

upright   똑바른
⇒ He stood upright. 그는 똑바로 서 있었어.
⇒ Please return your seat to an upright position.
의자를 다시 똑바로 세워주세요.

A **Now we're about to** land. 우리는 지금 착륙하려고 합니다.

am/are/is about to 동사 = 막 동사 하려고 하다.

☞ '비행기가 곧 착륙합니다'의 의미로 비행기의 착륙준비를 안내하는 표현

⇒ **We're about to close.** 저희는 곧 문을 닫습니다.

⇒ **He's about to leave.** 그가 막 떠나려고 해요.

A **Please make sure that your seatbelt is** fastened.

좌석벨트를 매셨는지 확인하시기 바랍니다.

make sure = 확실히 하다. 반드시 ~하세요.

☞ 좌석벨트의 착용을 당부하는 표현

⇒ **Make sure you have your passport with you.** 여권을 꼭 챙기세요.

⇒ **Make sure to be on time.** 반드시 제시간에 가셔야 해요.

and return **your seat back to the** upright **position.**

좌석의 등받이를 (다시) 똑바로 세워주세요.

return 명사 to 장소/사람/상태 = 명사 를 장소/사람/상태로 되돌려주다.

☞ 이륙 또는 착륙 시 좌석을 원상태로 돌려놓을 것을 요청하는 표현

⇒ **Return these to the library.** 도서관에 반납 좀 해줘.

⇒ **I'll return it to you soon.** 그거 곧 돌려줄게.

A **Thank you for flying with us.** 저희 항공편을 이용해 주셔서 감사합니다.

Thank you for 동사 ing = 동사 해 주셔서 감사합니다.

☞ 상대방의 행동에 대해 감사함을 표현

⇒ **Thank you for coming.** 와 주셔서 감사합니다.

⇒ **Thank you for calling.** 전화 주셔서 감사합니다.

1 착륙 :

2 매다 :

3 되돌려주다 :

4 똑바른 :

1 우리는 지금 착륙하려고 합니다. :

2 좌석벨트를 매셨는지 확인하시기 바랍니다. :

3 좌석의 등받이를 (다시) 똑바로 세워주세요. :

4 저희 항공편을 이용해 주셔서 감사합니다. :

친절한 영어 : 알아두면 유용한 항공사 용어 2

- passenger 승객
- carrier 항공사
- LCC : Low Cost Carrier 저비용 항공사
- runway 활주로
- take off 이륙
- landing 착륙
- arrival 도착
- departure 출발
- ETA : Estimated Time of Arrival 도착 예정 시각
- ETD : Estimated Time of Departure 출발 예정 시각
- delay 지연
- transit 환승
- transit passenger 타국으로의 통과목적만으로 입국하는 통과 여행자
- connection time 연결편 대기 시간
- in-flight announcement 기내방송
- CIQ : Customs, Immigration, Quarantine(세관, 출입국심사, 검역) 출국 또는 입국 시 공항에서 관할관서가 행사하는 확인대상 항목
- customs declaration form 세관신고서
- disembarkation card 입국신고서, 하선신고서
- immigration 출입국 신고 장소
- baggage claim 수하물 찾는 곳
- designated exit 지정 출구
- local time 현지시간
- lavatory 화장실
- overhead bin 머리 위 수납함

21 그걸로 할게요

Self-CHECK ☐ 빈칸 채우기 ☐ 보카학습 ☐ 패턴학습 ☐ 말하기

STEP 1

A **Do you have any rooms _____ for this weekend?**
이번 주말에 이용할 수 있는 객실이 있나요?

B **Let me check. We only have one double room _____, sir.**
확인해 보겠습니다. 더블룸 1개 남았네요.

A **Oh, that's good. I think I'll take it. What's the _____?**
오, 좋아요. 그걸로 할게요. 요금이 얼마죠?

B **It's $250 _____ night, including tax and service charges.**
세금과 봉사료를 포함하여 1박당 $250입니다.

STEP 2

available	이용할 수 있는

⇒ **Is this available in a larger size?** 이거 큰 사이즈 있나요?
⇒ **No rooms available.** 이용할 수 있는 객실이 없어요.

left	남은

⇒ **I have one left.** 난 한 개 남았어.
⇒ **We have no tables left.** 남은 테이블이 없어요.

rate	요금

⇒ **The rate depends on the type of room.**
요금은 객실유형에 따라 다릅니다.
⇒ **The rate is reasonable!** 합리적인 요금이네요.

per	~당, 매, 마다

⇒ **It's $5 per person.** 1인당 5달러입니다.
⇒ **The speed limit is 55 miles per hour.** 제한속도는 시속 55마일이야.

A **Do you have any rooms** available **for this weekend?**

이번 주말에 이용할 수 있는 객실이 있나요?

Do you have any 복수명사, available?

= 이용할 수 있는 명사 있나요? 남은 명사 있나요?

☞ 있는지 없는지 여부를 물을 때 쓰는 표현

⇒ **Do you have any seats available?** 남은 좌석 있나요?

⇒ **Any tables available on the terrace?** 테라스 자리 있나요?

B **We only have one double room** left. 더블룸 1개 남았네요.

We only have 명사 left = 명사밖에 안 남았어요. 남은 건 명사뿐이에요.

☞ '이것 외에는 없어요'라고 남아 있는 것을 강조하는 표현

⇒ **I only have 10 dollars left.** 10달러밖에 안 남았어.

⇒ **We only have 5 minutes left.** 5분밖에 안 남았어.

A **I'll take it.** 그걸로 할게요. **What's the** rate? 요금이 얼마죠?

take it = '그거 살게요', '그것으로 할게요'

☞ take는 '잡다, 취하다'의 의미로 사용되어 마음에 드는 물건이 있을 때 그것으로 선택 또는 결정한다는 표현

⇒ **I think I'll take this one.** 이걸로 할까봐요!

⇒ **I'll take that one over there.** 저기 저걸로 주세요.

B **It's $250 per night, including tax and service charges.**

세금과 봉사료를 포함하여 1박당 $250입니다.

It's 금액, including 명사 = 명사를 포함하여 금액입니다.

☞ 가격 또는 요금을 설명할 때 유용한 표현

☞ 가격을 얘기할 때는 항상 It을 주어로 사용하며, including '~이 포함된'을 함께 사용하여 구체적으로 설명할 수 있다.

⇒ **It's $10.** 10달러입니다.

⇒ **It's $10, including tax.** 세금 포함 10달러입니다.

STEP 4

1   이용할 수 있는 :

2   남은 :

3   ~당, ~마다 :

4   요금 :

STEP 5

1   주말에 이용할 수 있는 객실이 있나요? :

2   더블룸 1개가 남았네요. :

3   그걸로 할게요. :

4   세금이 포함되어 250달러입니다. :

친절한 영어 : 알아두면 유용한 호텔 객실 유형

항공기의 좌석은 등급(class)으로 분류되고, 호텔의 객실은 유형(type)으로 분류됩니다. 다음의 호텔 객실 type을 기억하고 객실을 예약할 때 꼭 확인하세요.

❖ 객실	❖ 특징
single room	1인실, 일반적으로 one bed
double room	2인실, one or two bed
triple room	3인실, two or more beds
suite room	스위트 룸, one or two bedrooms과 거실이 연결된 객실
connecting rooms	연결객실, 나란히 위치한 객실과 객실 사이에 문(connecting door)을 두어 2개의 객실이 연결되는 객실
adjoining rooms	나란히 위치해 있지만 객실과 객실 사이에 문(connecting door)은 없는 객실
adjacent rooms	나란히 위치하지는 않았지만 가까이 인접한 객실

What type of room would you like?

1. I'd like a _____ .

2. Do you have any _____ ?

22 방(객실) 하나 주세요

Self-CHECK ☐ 빈칸 채우기 ☐ 보카학습 ☐ 패턴학습 ☐ 말하기

STEP 1

A   **I'd like a _____ , please.** 방 하나 주세요.

B   **We have no _____ .** 빈 객실이 없어요.

A   **Oh, no way!** 헐 대박!

B   **I'm sorry, we're _____ _____ this weekend.**
    죄송합니다만, 이번 주말은 예약이 다 찼습니다.

STEP 2

room   객실

⇒ **We have a single room.** 1인실이 하나 있습니다.

⇒ **No rooms available.** 이용할 수 있는 객실이 없어요.

vacancy   빈 객실, 공실

⇒ **I saw the 'No Vacancy' sign.** '만실' 사인 봤어요.

⇒ **The company has a lot of vacancies.** 그 회사에 공석이 많아.

fully   완전히, 전부 다

⇒ **I fully understand the problem.** 완전히 이해했어.

⇒ **The restaurant is fully booked.** 레스토랑이 만석이야.

booked   예약된

⇒ **I'd like to go but i'm booked up.** 가고 싶은데 난 선약이 있어.

⇒ **The concert is fully booked.** 공연은 만석입니다.

A **I'd like a** room, **please.** 방 하나 주세요.

I'd like a 명사, please. = 명사 하나 주세요. 명사 하나 원합니다.

☞ 상대방에게 무엇을 달라고 요청할 때 쓰는 정중한 표현

⇒ **I'd like a cup of coffee, please.** 커피 한 잔 주세요.

⇒ **I'd like some water, please.** 물 좀 주시겠어요?

B **We have no** vacancy. 빈 객실이 없어요.

We have no 명사 = 명사가(는) 없어요. 명사가(는) 다 떨어졌어요.

☞ 더 이상 남은 것이 없다는 표현

⇒ **I have no money.** 돈 하나도 없어.

⇒ **We have no time.** 시간이 없어.

A **Oh**, no way**!** 헐 대박!

no way = '말도 안 돼' '헐 대박' '그럴 리가~!'

☞ 뜻밖의 일에 당황스러움을 나타내는 표현

⇒ **She didn't show up./No way!** 그녀는 안 왔어./헐 대박!

⇒ **No way, check it out!** 와 대박! 와서 봐봐!

B **We're** fully booked **tonight.** 오늘은 예약이 다 찼습니다.

are/is fully booked = '예약이 다 차다'

☞ '만실, 또는 만석'으로 더 이상 남은 것이 없음을 의미하며, full house, no more rooms left 등과 같은 의미

⇒ **The restaurant is fully booked.** 그 레스토랑이 만석이야.

⇒ **We have a full house today.** 오늘은 남은 것이 없습니다.

STEP 4

1 객실 :

2 공실, 빈 객실 :

3 헐 대박 :

4 예약이 다 차다 :

STEP 5

1 방 하나 주세요. :

2 빈 객실이 없어요. :

3 헐 대박! :

4 죄송합니다. 이번 주말은 만실입니다. :

친절한 영어 : 쿠션어 사용하기

서비스 직원은 고객의 문의나 요청에 긍정적인 답변을 할 수 없을 때 쿠션어를 사용하여 답변합니다.

쿠션어는 상대방의 기분을 상하지 않게 하고 대화가 더 원활하게 진행될 수 있도록 하여 상대방에 대한 배려와 원활한 의사소통을 도울 수 있습니다.

상대방의 요청이나 문의에 긍정적인 답변을 할 수 없을 때는 '죄송합니다만', '실례합니다만' 등과 같이 쿠션어를 사용하여 친절한 영어로 말해보세요.

❖ I'm sorry but 죄송합니다만,

❖ I'm afraid 유감이지만, 죄송합니다만,

❖ Unfortunately, 안타깝게도, 유감스럽게도

다음 고객의 요청에 쿠션어를 사용하여 친절하게 대답해 보세요.

1. Do you have any rooms available for Tuesday night?

   답변 : 죄송합니다만, 화요일엔 예약이 다 찼습니다.

2. I'd like to speak to Mr. Jung, please.

   답변 : 죄송합니다만, 그분은 지금 통화가 어려우십니다.

23 며칠이나 계십니까

Self-CHECK ☐ 빈칸 채우기 ☐ 보카학습 ☐ 패턴학습 ☐ 말하기

STEP 1

A **What _____ will you be _____, sir?** 며칠에 도착하시나요?

B **On June 15th.** 6월 15일이요.

A **How _____ will you be _____ with us?**
며칠이나 투숙하시나요?

B **I'll be staying for three nights.** 3일 투숙할 겁니다.

STEP 2

what date 며칠?

⇒ **What date is it today?** 오늘이 며칠이죠?

⇒ **What day is the meeting?** 회의가 무슨 요일이죠?

arrive 도착하다, 오다

⇒ **What time does the train arrive?**

기차가 몇 시 도착이죠?

⇒ **We arrived here yesterday.** 우리는 어제 도착했어.

how long 얼마나~?

⇒ **How long will it take?** 얼마나 걸리나요?

⇒ **How long have you got?** 시간이 얼마나 있어?

stay 머무르다, 체류하다

⇒ **I can't stay long.** 오래는 못 있어.

⇒ **I'll be staying overnight.** 밤새 있을 거야.

A **What** date **will you be** arriving**?** 며칠에 도착하시나요?

will you be 동사ing ? = 동사하실 건가요? 동사할 예정인가요?

☞ 예정된 미래의 행동을 물을 때 쓰는 표현

⇒ **So, when will you be leaving?** 그래서, 언제 가는데?

⇒ **Will you be staying?** 머무를 건가요?

B **On June 15th.** 6월 15일이요.

on + 달 + 날짜(서수) = on + 날짜(서수) + of 달

☞ 요일과 날짜는 항상 전치사 on과 함께 사용하며, 날짜는 반드시 서수로 표기

☞ 도착일, 출발일, 특정일을 설명하는 표현

⇒ **I was born on the first of September.** 9월 1일에 태어났어.

⇒ **The meeting is on July 12th.** 회의는 7월 12일입니다.

A How long **will you be** staying **with us?** 며칠이나 투숙하시나요?

How long will you be 동사ing? = 며칠이나 ~하실 건가요?

☞ 체류 또는 투숙기간을 묻는 표현

⇒ **How long are you going to stay?** 얼마나 오래 머무실 예정인가요?

⇒ **How many nights will you be staying?** 며칠이나 머무시나요?

B **I'll be staying for three nights.** 3일 투숙할 겁니다.

I'll be 동사 = 동사할 겁니다.

☞ 이미 하기로 예정된 미래의 행동을 표현

☞ 기간을 표현할 때는 전치사 for와 함께 사용

⇒ **I'll be working on Sunday.** 일요일에 일할 거예요.

⇒ **She will be studying at home tomorrow.** 내일은 집에서 공부할 거야.

STEP 4

1   오다, 도착하다 :

2   얼마나~? :

3   며칠~? :

4   머무르다 :

STEP 5

1   며칠에 도착하시나요? :

2   8월 10일이요. :

3   며칠이나 머무시나요? :

4   3일간 투숙할 거예요. :

친절한 영어 : 날짜 말하기 2

- 요일과 날짜는 항상 전치사 on과 함께 사용합니다.
- 날짜는 반드시 서수로 말합니다.
- 서수 앞에 the는 생략해도 좋습니다.
- 서수를 말할 때는 –th 발음에 유의합니다.

1	first	11	eleventh	21	twenty-first
2	second	12	twelfth	22	twenty-second
3	third	13	thirteenth	23	twenty-third
4	fourth	14	fourteenth	24	twenty-fourth
5	fifth	15	fifteenth	25	twenty-fifth
6	sixth	16	sixteenth	26	twenty-sixth
7	seventh	17	seventeenth	27	twenty-seventh
8	eighth	18	eighteenth	28	twenty-eighth
9	ninth	19	nineteenth	29	twenty-ninth
10	tenth	20	twentieth	30	thirtieth

- 연도를 말할 때는 두 자리씩 끊어서 읽습니다.

  1999 nineteen ninety-nine

  2025 twenty twenty-five (or two thousand twenty-five)

다음 물음에 답해보세요.

1. What date is it today? :

2. When is your birthday? :

24 회전문을 조심하세요

Self-CHECK □ 빈칸 채우기 □ 보카학습 □ 패턴학습 □ 말하기

STEP 1

A **Let me _____ your bags, ma'am.** 짐을 내려드리겠습니다.

B **Thank you. Where do I _____?** 감사합니다. 등록은 어디서 하나요?

A **The _____ is over there to your left.** 리셉션은 저쪽 왼편에 있습니다.

A **Please watch out for the _____ door.** 회전문을 조심하세요.

STEP 2

unload   (짐을) 내리다

⇒ **She unloaded her grocery bags.** 그녀는 장바구니를 내렸다.

⇒ **I'll help you unload your bags.** 짐 내리는 것을 도와드리겠습니다.

register   등록하다

⇒ **I registered the car in my name.** 자동차를 내 명의로 등록했어.

⇒ **Students are registering for summer courses.**
학생들이 계절학기를 등록하고 있다.

reception   리셉션, 접수대, 프런트

⇒ **Ask for me at the reception.** 리셉션에서 저를 찾으세요.

⇒ **I signed up at the reception desk.** 리셉션에서 가입했어.

revolving   회전문
door   ⇒ **Go through the revolving door.** 회전문을 통과하세요.

⇒ **It's an automatic revolving door.** 자동 회전문입니다.

A **Let me** unload **your bags.** 짐을 내려드리겠습니다.

Let me 동사 = 동사하겠습니다, 동사하도록 해주세요.

☞ let은 '허락하다'의 의미로, 상대방에게 '제가 ~을 할게요' '~해 드릴게요'라고 설명하는 표현

⇒ **Let me help you.** 제가 도와드리겠습니다.

⇒ **Let me do it for you.** 그것은 제가 해드릴게요.

B **Where do I** register**?** 등록은 어디서 하나요?

Where do I 동사 = 어디서 동사하나요?

☞ ~하는 장소를 묻는 표현

⇒ **Where do I check in?** 어디서 체크인 하나요?

⇒ **Where do I apply for a passport?** 여권 신청은 어디서 하나요?

A **The** reception **is over there to your left.**

리셉션은 저쪽 왼편에 있습니다.

명사 is over there = 명사가(는) 저쪽에 있습니다.

☞ 멀지 않은 눈에 보이는 장소를 지시하면서 안내하는 표현

☞ over here, right there, right over there 등 다양하게 장소 설명이 가능하다.

⇒ **It's right here.** 바로 여기 있어.

⇒ **The elevators are right over there.** 엘리베이터는 바로 저쪽에 있습니다.

A **Please watch out for the** revolving **door.** 회전문을 조심하세요.

watch = 조심하다, 주의하다

☞ Watch out!은 '조심해!' 하고 경고하는 표현

⇒ **Watch your step!** 발밑 조심!

　 Watch your head! 머리 조심!

⇒ **Watch out! It's slippery.** 미끄러우니 조심하세요.

STEP 4

1   짐을 내리다 :

2   등록하다 :

3   리셉션 :

4   회전문 :

STEP 5

1   짐을 내려드리겠습니다. :

2   등록은 어디서 하나요? :

3   리셉션은 저쪽 왼편에 있습니다. :

4   회전문을 조심하세요. :

친절한 영어 : 행동하기 전에 말로 안내하기

서비스 직원은 고객의 요청에 따라 업무를 처리하기 위해 고객을 잠시 기다리게 해야할 경우가 있습니다. 고객은 대기 이유를 알면 기다리는 시간이 덜 지루하게 느껴지므로, 업무처리에 잠시 시간이 걸린다면 고객에게 반드시 그 이유를 먼저 알립니다. 고객응대 시에 업무처리를 해야 한다면 반드시 다음과 같이 '~하겠습니다'라고 친절한 영어로 말해보세요.

❖ Let me ＿＿＿＿＿＿ 동사 ＿＿＿＿＿＿ for you.

Let me unload your bags for you. 짐을 내려드리겠습니다.

Let me put it into the computer. 컴퓨터에 입력하겠습니다.

Let me check that for you. 확인해 보겠습니다.

Let me check if there is a table free.
빈 테이블이 있는지 확인해 보겠습니다.

Let me put you through to the reservations.
예약부서로 연결해 드리겠습니다.

Let me get that for you. 가져다드리겠습니다.

Let me arrange that for you. 준비해 드리겠습니다.

Let me handle this for you. 처리해 드리겠습니다.

다음을 친절한 영어로 말해보세요.

1. 객실까지 안내해 드리겠습니다.

2. 그것은 제가 도와드리겠습니다.

25 입실수속하려고요

Self-CHECK ☐ 빈칸 채우기 ☐ 보카학습 ☐ 패턴학습 ☐ 말하기

STEP 1

A   **I'd like to** _____ **in, please.** 체크인 하려고요.

B   **Do you have a** _____**?** 예약하셨나요?

A   **Yes. I do. Here's the** _____**.** 여기 바우처입니다.

B   **Thank you. Let me** _____ **it into the computer.** 컴퓨터에 입력하겠습니다.

STEP 2

check in   입실수속하다

⇒ **Can I check in?** 체크인 해주세요.

⇒ **Are you** checking in**?** 체크인 하시나요?

reservation   예약

⇒ **I have a reservation.** 예약했습니다.

⇒ **I'd like to make a reservation.** 예약하고 싶습니다.

voucher   바우처, 할인권

⇒ **Just present your voucher to the receptionist.**

리셉셔니스트에게 바우처를 제시하세요.

⇒ **The voucher is valid through December.** 바우처는 12월까지 유효합니다.

put into   입력하다

⇒ **put your password into it.** 비밀번호를 입력하세요.

⇒ **I put her name into the computer.** 그분의 성함을 입력했어요.

A   **I'd like to** check in, **please.** 체크인 하려고요.

I'd like to 동사, please.

☞ 동사하고 싶어요. 동사하려고요.

☞ 상대방에게 무언가를 요청할 때 쓰는 정중한 표현

⇒ **I'd like to reserve a room, please.** 객실 예약하려고요.

⇒ **I'd like to reserve a table, please.** 테이블 예약하려고요.

B   **Do you have a** reservation? 예약하셨나요?

Do you have a 명사 = 명사 있나요?

☞ 무엇이 있는지 없는지를 질문하는 표현

⇒ **Do you have a pen?** 펜 있니?

⇒ **Do you have a vacancy?** 빈 객실 있나요?

A   **Here's the** voucher. 여기 바우처입니다.

Here's 명사 = 여기 명사입니다. 명사 여기 있습니다.

☞ 명사를 상대방에게 건네면서 하는 표현

⇒ **Here's the menu.** 여기 메뉴입니다.

⇒ **Here's your key card.** 객실 키입니다.

B   **Let me** put it into **the computer.** 컴퓨터에 입력하겠습니다.

Let me 동사 = 동사하겠습니다. 동사할게요.

☞ Let은 '동사하는 것을 허락하다'라는 의미로, '제가 ~할게요'라고 정중하게 요 청하는 표현

⇒ **Let me tell you this.** 내가 이거 얘기해 줄게.

⇒ **Let me show you.** 제가 보여드릴게요.

1   입실수속하다 :

2   예약 :

3   바우처, 할인권 :

4   입력하다 :

1   체크인 하려고요. :

2   예약하셨나요? :

3   바우처 여기 있습니다. :

4   컴퓨터에 입력하겠습니다. :

친절한 영어 : 알아두면 유용한 호텔 용어 1

❖ 체크인/체크아웃 관련 용어

check-in 입실수속

early check-in 조기 입실 : 호텔이 정한 표준 체크인 시간보다 일찍 입실하는 경우

check out 퇴실수속

late check out 호텔이 정한 표준 체크아웃 시간보다 늦게 퇴실하는 경우

walk-in guest 예약 없이 오는 손님

❖ 서비스 및 요금 관련 용어

rate 요금 : 객실요금 또는 서비스 요금

deposit 보증금 : 후속 비용에 대비하여 체크인 시 요구되는 금액

service charge 봉사료 : 서비스 제공에 대한 추가 요금

cancelation 취소

cancelation charge 취소 수수료

complimentary 무료의 : 추가 요금 없이 제공되는 서비스나 제품

account 계좌 : 고객의 숙박요금 및 기타 비용을 기록하는 시스템

❖ 시설 및 관리 관련 용어

PMS(Property Management System) 호텔자산관리시스템 : 호텔의 객실 예약, 체크인/체크아웃, 청구 및 기타 관리기능을 포함하는 시스템

room 객실

full house 만실 : 모든 객실의 예약이 완료된 상태

❖ 프런트 데스크 및 고객 서비스 관련 용어

reception/front desk 접수대/프런트 데스크

receptionist 접수원

key card 키카드 : 객실 출입에 사용하는 전자카드

bell staff/bellman 벨맨

doorman 도어맨

valet parking 발렛 주차 서비스

registration 등록

26 체크아웃이요

Self-CHECK　□ 빈칸 채우기　□ 보카학습　□ 패턴학습　□ 말하기

STEP 1

A　**I'm checking _____. Here's my key card.** 체크아웃이요. 여기 키카드 있습니다.

B　**Yes, ma'am. How was your _____ with us?** 네. 즐거운 시간 되셨나요?

A　**It was very good. Thank you for your _____.**
정말 즐거웠습니다. 친절함에 감사드립니다.

B　**Glad to hear that. I'll get your _____ now.**
다행입니다. 바로 계산서를 드리겠습니다.

STEP 2

check out　퇴실, 체크아웃
> ⇒ **Check out time is 11 A.M.** 퇴실시간은 11시입니다.
> ⇒ **I'm ready to check out.** 퇴실준비 됐어요.

stay　투숙
> ⇒ **Enjoy your stay.** (호텔에서) 즐거운 시간 되십시오.
> ⇒ **Thank you for staying with us.** 저희 호텔을 이용해 주셔서 감사합니다.

kindness　친절, 호의
> ⇒ **Her kindness is one of her strong points.** 친절이 그녀의 강점이야.
> ⇒ **His kindness will always be remembered.**
> 그의 친절을 항상 기억할 것입니다.

bill　계산서
> ⇒ **Can I have the bill, please.** 계산서 주세요.
> ⇒ **Please, sign on the bill.** 계산서에 서명해 주세요.

A **I'm checking out.** 체크아웃이요.

be 동사ing = 동사하는 거예요.

☞ 현재 동작의 진행형 표현으로, 지금 동사ing 중이니 도와달라는 표현

⇒ **We're leaving now.** 이제 가려고요.

⇒ **I'm checking in please.** 체크인이요.

B **How was your stay with us?** 즐거운 시간 되셨나요?

How was 명사 = 명사는 어떠셨나요?

☞ 고객의 숙박경험에 대한 만족도를 묻는 표현

⇒ **How was the dinner?** 저녁식사는 어땠나요?

⇒ **How was it?** 어땠어?

A **Thank you for your kindness.** 친절에 감사드립니다.

Thank you for 명사 = 명사에 감사드립니다.

☞ 상대방의 친절에 대해 감사하는 표현

⇒ **Thanks for coming.** 와줘서 고마워.

⇒ **Thank you for calling.** 전화 주셔서 감사합니다.

B **Glad to hear that.** 다행입니다.

Glad to 동사 that = 하게 되어 기쁩니다. 다행입니다.

☞ 고객의 긍정적인 반응이나 소식에 대해 기쁨을 표현

☞ Please, hold on the baggage claim tag.으로도 자주 사용된다.

⇒ **I'm so glad to hear you're well.** 건강하다니 참 다행이다.

⇒ **I'm glad to say this.** 이 소식을 전하게 돼서 너무 기뻐.

B **I'll get your bill now.** 바로 계산서를 드리겠습니다.

I'll get 명사, now = 명사를 바로 드리겠습니다.

☞ 고객의 요청에, '바로 해드리겠습니다.' '즉시 드리겠습니다'라고 응답할 때 쓰는 표현

⇒ **I'll get your drinks, now.** 바로 음료를 드리겠습니다.

⇒ **I'll get (you) one, right away.** 바로 갖다드리겠습니다.

1   퇴실 :

2   호의, 친절 :

3   투숙 :

4   계산서 :

---

1   체크아웃이요. :

2   즐거운 시간 되셨나요? :

3   친절에 감사드립니다. :

4   다행이다! :

5   바로 계산서를 드리겠습니다. :

친절한 영어 : 만족여부 확인하기

고객이 서비스를 이용하고 떠나는 시점에서 서비스 직원은 고객에게 서비스 이용에 불편함은 없으셨는지 등 만족도 여부를 반드시 확인하며 고객의 의견을 묻습니다. 고객에게 만족도 여부를 물을 때는 '~은 어떠셨나요?' '좋은 시간 보내셨나요?' 등과 같이 친절한 영어로 말해보세요.

❖ How was your _____명사_____ with us?

How was your stay with us? 저희 호텔에서 편안한 시간 되셨나요?
How was your flight with us? 비행은 어떠셨나요?
How was your dinner with us? 식사는 맘에 드셨나요?
How was your trip with us? 즐거운 여행 되셨습니까?

다음 빈칸을 채워 문장을 완성하세요.

1. 여름방학은 잘 보냈니?

2. 한국여행은 즐거웠니?

27 가방을 두고 가도 되나요

Self-CHECK □ 빈칸 채우기 □ 보카학습 □ 패턴학습 □ 말하기

STEP 1

A Can I ＿＿＿＿＿＿ my bags at the hotel? 호텔에 제 가방을 맡겨도 될까요?

B Sure. Let me ＿＿＿＿＿＿ your luggage in our checkroom.

네. 체크룸에 가방을 보관해 드리겠습니다.

A Thank you. These two ＿＿＿＿＿＿, please. 감사합니다. 이 가방 두 개요. 부탁드려요.

B All right. Please keep the baggage claim ＿＿＿＿＿＿.

수하물보관증을 잘 간직하세요.

STEP 2

leave 맡기다, 두다

⇒ **You may leave your key here.** 키를 두고 가셔도 돼요.

⇒ **Just leave it here.** 그냥 여기 두세요.

store ~를 넣어 보관하다

⇒ **I'll store it until you come back.** 돌아오실 때까지 보관해 드리겠습니다.

⇒ **All data is stored on the hard drive.**

모든 데이터는 하드 드라이브에 저장됩니다.

suitcase 여행가방

⇒ **My suitcase is full.** 내 가방은 꽉 찼어.

⇒ **Have you packed your suitcase yet?** 가방 다 쌌니?

tag 태그, 꼬리표

⇒ **Check the price tag.** 가격표를 확인해 봐.

⇒ **Put the name tag on it.** 이름표를 붙여둬.

A **Can I leave my bags at the hotel?** 호텔에 제 가방을 맡겨도 될까요?

Can I leave 명사 = 명사를 맡겨도 될까요?

☞ 무엇을 맡겨두고 보관해 줄 수 있는지 묻는 표현

⇒ **Can I leave my coat.** 코트 좀 맡겨도 될까요?

⇒ **Can I leave my suitcases.** 가방을 맡겨도 되나요?

B **Let me store your luggage in our checkroom.**

체크룸에 가방을 보관해 드리겠습니다.

Let me store 명사 = 명사를 보관해 드리겠습니다.

☞ 호텔에서 고객의 물품 보관을 위해 운영하는 cloakroom/checkroom에
보관해 드리겠다고 안내하는 표현

⇒ **Let me store them in the cloakroom.** 클로크룸에 보관하겠습니다.

⇒ **Let me store it for you.** 보관해 드리겠습니다.

A **These two suitcases, please.** 이 가방 두 개요. 부탁드려요.

These(this) 명사, please = 이 명사를 부탁드려요.

☞ 바로 앞에 있는 물건을 가리키며 부탁하는 표현

⇒ **These books, please.** 이 책들이요. 부탁합니다.

⇒ **This big box over here, please.** 여기 이 큰 박스요. 부탁드려요.

B **Please keep this baggage claim tag.** 수하물보관증을 잘 간직하세요.

please keep 명사 = 명사를 잘 간직하세요.

☞ 잃어버리지 말고 잘 가지고 계실 것을 요청하는 표현

☞ Please, hold on the baggage claim tag.으로도 자주 사용된다.

⇒ **Please keep the receipt.** 영수증 잘 보관하세요.

⇒ **Please keep your invoice.** 계산서 잘 보관하세요.

1 맡기다 :

2 보관하다 :

3 여행가방 :

4 꼬리표, 태그 :

---

1 호텔에 제 가방을 맡겨도 될까요? :

2 체크룸에 가방을 보관해 드리겠습니다. :

3 이 가방 두 개요. :

4 수하물보관증을 잘 보관하세요. :

친절한 영어 : 장소 앞에 오는 전치사 in/at/on

in	in a room	in a yard
	in a store	in a town
	in a car	in a park
	in the water	in Korea

- "Where's John?" "In the kitchen/In the back yard/In Seoul."
- What's in that box/in that bag/in that closet?
- She works in a store/in a bank/in a factory.

| at | at the bus stop | at the door |
| | at the traffic light | at her desk |

- There's a man at the bus stop/at the door.
- The car is waiting at the traffic light.
- She is working at her desk.

on	on a shelf	on a wall
	on a plate	on the ceiling
	on a balcony	on a door, etc.
	on the floor, etc.	

- There are some books on the shelf and some pictures on the wall.
- Don't sit on the grass.
- There's a stamp on the envelope.

28 이 원피스를 다려주세요

Self-CHECK ☐ 빈칸 채우기 ☐ 보카학습 ☐ 패턴학습 ☐ 말하기

STEP 1

A **Good morning. I'm here to pick up your _____.**
안녕하세요. 세탁물 수거하러 왔습니다.

B **Here. I'd like to have this dress _____.** 여기요. 이 원피스를 다려주세요.

B **When can I have it _____?** 언제 찾을 수 있나요?

A **It will be _____ by 11 tomorrow morning.**
내일 오전 11시 전에 전달해 드립니다.

STEP 2

laundry 빨래, 세탁물/세탁소
⇒ **I'm doing my laundry tonight.** 오늘 저녁에 빨래할 거야.
⇒ **I'm out of laundry detergent.** 세탁세제가 다 떨어졌어.

press ~을 다리다
⇒ **This shirt needs to be pressed.** 이 셔츠는 다려야 해.
⇒ **Can I have this pressed?** 이것을 다려줄 수 있어요?

back 제자리에, 원래의 위치로
⇒ **Put it back.** 다시 갖다 놔.
⇒ **I'll have my car back today.** 오늘 차 찾을 거야.

deliver ~을 배달하다, 전하다
⇒ **Please deliver it to him.** 이거 걔한테 좀 전해줘.
⇒ **We deliver orders to customers.** 고객에게 주문을 배달해 드립니다.

A **I'm here to pick up your** laundry. 세탁물 수거하러 왔습니다.

I'm here to 동사 = 동사하러 왔습니다.

☞ '~하러 왔어요'라고 방문한 이유나 용건을 설명하는 전형적인 표현

⇒ **I'm here to see Mr. Jung.** 정 선생님을 뵈러 왔습니다.

⇒ **I'm here to visit my friend.** 친구를 방문하러 왔습니다.

B **I'd like to have this dress** pressed. 이 원피스를 다려주세요.

have 명사 과거분사p.p. = 명사가 p.p. 되게 하다

☞ press '다리다,' dry-clean '드라이클리닝하다' wash '빨다'와 같은 동사는 'have 명사 p.p.'의 형태로 자주 사용된다.

⇒ **I would like to have this sweater dry-cleaned.** 이 스웨터를 드라이클리닝해 주세요.

⇒ **It's got to be washed.** 이건 빨아야 해.

B **When can I have it** back? 언제 찾을 수 있나요?

have 명사 back = 명사를 돌려받다.

☞ 수리/서비스 맡긴 물건을 언제 찾을 수 있는지 묻는 표현

⇒ **When can I have my phone back?** 폰은 언제 찾을 수 있나요?

⇒ **When can I get it back?** 언제 찾을 수 있나요?

A **It will be** delivered **by 11 tomorrow morning.**

내일 오전 11시 전에 전달해 드립니다.

by 시점 또는 시각 = 시점 또는 시각 이내에, 전까지

☞ ~ 이전에 다 완료될 것이라 안내하는 표현

⇒ **You can get it back by noon.** 정오 전에 돌려받으실 수 있어요.

⇒ **Mail will be delivered by tomorrow.** 우편은 내일까지는 배달될 것입니다.

STEP 4

1 빨래, 세탁물 :

2 ~을 다리다 :

3 제자리에, 원래의 위치로 :

4 ~을 배달하다, 전하다 :

STEP 5

1 세탁물 수거하러 왔습니다. :

2 이 원피스를 다려주세요. :

3 언제 찾을 수 있나요? :

4 내일 정오 전에 전달해 드립니다. :

친절한 영어 : 시간 말하기

- 비공식 서면이나 구어에서는 12시간 시계단위를 사용하며, 다음과 같이 두 가지 방법으로 시간표현이 가능합니다.

시간	몇 시 몇 분	몇 시 몇 분 전/후
6:10	six ten	ten past six
8:25	eight twenty-five	twenty-five past eight
12:50	twelve fifty	ten to one

- 시간 바로 뒤에 a.m./p.m.을 써서 오전/오후를 표현합니다. 15분, 30분, 45분은 fifteen/thirty/forty-five 대신 quarter past/half past/quarter to로 대체해서 말하기도 합니다.

시간	오전/오후	몇 시 몇 분 전/후
오전 6시 15분	6:15 a.m.	quarter past six in the morning
오후 6시 반	6:30 p.m.	half past six in the evening
밤 10시 45분	10:45 p.m.	quarter to eleven at night

- ~시 정각은 o'clock을 사용합니다.

시간	표기법	말하기
7시	7:00	seven
7시 정각	7 o'clock	seven o'clock

- 시간표나 일정표를 말할 때는 24시간 시계단위를 사용하며 시간 뒤에 a.m./p.m.을 쓰지 않습니다. 단 구어에서는 12시간 시계단위로 말할 수 있습니다.
Dinner is served from 19:00 to 22:00.
Train leaves at 14:20.

29 어디서 옷을 갈아입나요

Hotel

Self-CHECK ☐ 빈칸 채우기 ☐ 보카학습 ☐ 패턴학습 ☐ 말하기

STEP 1

A **Where can I _____ into my _____ clothes?**
어디서 운동복으로 갈아입을 수 있나요?

B **The men's _____ room is over there to the right.**
탈의실은 저기 오른쪽으로 있습니다.

A **Can I take a shower in there, too?** 거기서 샤워할 수 있나요?

B **Yes, you can. You may also use our _____.**
네, 사우나도 이용하실 수 있습니다.

STEP 2

change (옷을) 갈아입다
⇒ **He changed into some dry clothes.** 마른 옷으로 갈아입었다.
⇒ **I need to get changed.** 옷을 갈아입어야 해.

workout 운동
⇒ **A one-hour workout.** 한 시간 운동
⇒ **After my workout, I have a sauna.** 운동 후엔 늘 사우나를 해.

dressing room 탈의실, locker room, changing room
⇒ **Where is the dressing room?** 탈의실이 어디죠?
⇒ **The locker room is upstairs.** 탈의실은 위층에 있어요.

sauna 사우나
⇒ **Let's go for a sauna.** 사우나 가자.
⇒ **I had a sauna.** 사우나 했어.

120 | 친절한 관광 서비스 영어

A   Where can I change **into my** workout **clothes?**

어디서 운동복으로 갈아입을 수 있나요?

Where can I 동사 = 어디서 동사할 수 있나요?

☞ 상대방에게 ~할 장소를 묻는 표현

⇒ **Where can I smoke?** 흡연장소는 어디인가요?

⇒ **Where can I exchange money?** 환전은 어디서 하나요?

B   The men's dressing room **is over there to the right.**

탈의실은 저기 오른쪽으로 있습니다.

to the right = 오른쪽으로

☞ 방향 또는 위치를 안내하는 표현

☞ to the left, to the front, to the back, on your left 등 다양하게 방향설명이
　가능하다.

⇒ **It's right there to the left.** 바로 저기 왼쪽으로 있어.

⇒ **Elevators are on your right.** 엘리베이터는 고객님 왼쪽에 있습니다.

A   Can I take a shower in there, too? 거기서 샤워도 할 수 있나요?

Can I 동사 = 동사할 수 있나요?

☞ ~해도 되는지 묻거나 양해를 구하는 표현

⇒ **Can I call you back?** 다시 전화해도 될까요?

⇒ **Can I use this?** 이거 써도 되나요?

B   You may also use our sauna. 사우나도 이용하실 수 있습니다.

You may 동사 = 동사하실 수 있습니다.

☞ '~을 해도 좋다. ~을 할 수 있다'는 의미로 시설의 이용이나 행동의 허락을
　정중하게 설명하는 표현

⇒ **It's done. You may go.** 다 됐습니다. 가셔도 됩니다.

⇒ **You may take photos here.** 여기서 사진 찍으셔도 됩니다.

STEP 4

1   옷을 갈아입다 :

2   운동 :

3   탈의실 :

4   사우나 :

STEP 5

1   운동복은 어디서 갈아입나요? :

2   탈의실은 저기 오른쪽에 있습니다. :

3   그 안에서 샤워도 되나요? :

4   사우나도 이용하실 수 있습니다. :

친절한 영어 : 위치 안내하기

❖ It's _____어디에_____ . ~에 있습니다.

It's over there. 그것은 저쪽에 있습니다.

It's at the end of ~. 그것은 ~ 끝에 있습니다.

It's upstairs/downstairs. 그것은 위층/아래층에 있습니다.

It's in front of ~. 그것은 ~ 정면에 있습니다.

It's behind ~. 그것은 ~ 뒤에 있습니다.

It's next to ~. 그것은 ~의 옆에 있습니다.

It's between ~ and ~. 그것은 ~와 ~ 사이에 있습니다.

It's on the ~ floor. 그것은 ~층에 있습니다.

It's on your left/right. 그것은 고객님의 왼편/오른편에 있습니다.

길 안내를 할 때는 동사 원형으로 시작하는 명령문을 사용하세요.

• Go straight. 직진하세요.

• Go through the doors. 문을 통과해 가세요.

• Walk along the corridor. 복도를 따라가세요.

• Turn left. 좌회전하세요.

• Take a left. 좌회전하세요.

• Take the first right. 첫 번째 길에서 우회전하세요.

• Take the elevator/escalator to the third floor.
  엘리베이터/에스컬레이터를 타고 3층으로 가세요.

30 룸서비스 주문하려고요

Self-CHECK ☐ 빈칸 채우기 ☐ 보카학습 ☐ 패턴학습 ☐ 말하기

STEP 1

A **I want to get some _____ service, please.** 룸서비스를 주문하려고요.

B **Of course. What would you like to _____?** 네. 무엇을 주문하시겠습니까?

A **I want the _____ and some _____ too.**
플래터와 감자튀김도 주세요.

B **How about something to drink?** 음료는요?

STEP 2

room service	식음료를 객실로 제공해 주는 호텔서비스
	⇒ **How about room service for breakfast?** 아침식사로 룸서비스 어때?
	⇒ **I'd like to order some room service.** 룸서비스 주문하려고요.
order	주문하다, 주문
	⇒ **Your orders will be delivered shortly.** 주문하신 게 금방 배달될 거예요.
	⇒ **Let's order some pizza.** 피자 주문하자.
platter	여러 음식을 차려놓은 요리
	⇒ **I love the seafood platter.** 난 해물 플래터가 좋아.
	⇒ **Meat platter will be good for dinner.** 저녁으로 미트 플래터가 괜찮을 것 같아.
fries	감자튀김
	⇒ **Do you want some fries?** 감자튀김 좀 먹을래?
	⇒ **I'll have some fries.** 감자튀김 주세요.

A **I want to get some** room service**, please.** 룸서비스를 주문하려고요.

want to get 명사, please. = 명사를 원해요.

☞ 갖고 싶다, 원한다는 의미

☞ 룸서비스를 원한다는 의미로 '주문할게요'라는 표현

⇒ **I want to get some rest.** 좀 쉬고 싶어.

⇒ **I want to get a bag.** 가방 사고 싶어.

B **What would you like to** order**?** 무엇을 주문하시겠습니까?

What would you like to 동사 = 무엇을 동사하시겠습니까?

☞ 상대방이 무엇을 하고 싶은지 묻는 정중한 표현

⇒ **What would you like to have for lunch?** 점심으로 무엇을 드시겠습니까?

⇒ **Where would you like to visit?** 어디를 방문하고 싶으신가요?

A **I want the** platter **and some** fries **too.** 플래터와 감자튀김도 주세요.

명사1 and 명사2 too. = 명사1하고 명사2도 같이

☞ '이것도 같이'의 의미로 표현

⇒ **I do too.** 나도 그래.

⇒ **Me too.** 나도 그래.

B **How about something to drink?** 음료는요?

How about 명사 = 명사는 어때요?/명사는요?

☞ 상대방의 의견을 물을 때 쓰는 표현

⇒ **How about you?** 넌 어때?

⇒ **How about taking a seat over there?** 저기 앉는 건 어때?

1   룸서비스 :

2   주문하다 :

3   플래터 :

4   감자튀김 :

1   룸서비스를 주문하려고요. :

2   무엇으로 주문하시겠습니까? :

3   플래터와 감자튀김도 주세요. :

4   음료는요? :

친절한 영어 : 알아두면 유용한 호텔 용어 2

❖ 서비스 관련 용어

- room service 룸서비스
- housekeeping 하우스키핑, 객실관리부
- housekeeper 객실관리부 직원, 하우스키퍼
- laundry service 세탁 서비스
- 'Do not disturb' sign '방해하지 마세요' 사인
- 'Make up room' sign '객실 정리 요청' 사인
- turndown service 턴다운 서비스(하우스키퍼가 객실을 방문하여 침구와 객실을 간단하게 정리 정돈해 주는 서비스)

❖ 시설 관련 용어

- facilities 호텔 내 모든 편의 시설
- indoor/outdoor pool 실내/실외 수영장
- sauna 사우나
- business center 비즈니스 센터
- fitness center 피트니스 센터
- minibar 미니바
- safe 객실금고

❖ 고객서비스 및 편의

- EFL(Executive Floor Lounge) 이그제큐티브 플로어 라운지 : 호텔의 상위층에 위치하며, 고급서비스와 혜택을 제공하는 공간
- happy hour 해피 아워 : EFL 서비스의 하나로 일정 시간 동안 음식과 음료, 주류를 무제한 제공하는 서비스
- concierge 컨시어지 : 호텔의 고객 서비스를 담당하며, 다양한 요청과 예약을 도와주는 직원
- checkroom/cloakroom 체크룸/클로크룸 : 휴대품 보관소

31 저녁 영업시간이 어떻게 되나요

Self-CHECK   □ 빈칸 채우기   □ 보카학습   □ 패턴학습   □ 말하기

STEP 1

A **What days do you _____?** 무슨 요일에 영업하시나요?

B **We open every day _____ _____.**
매주 월요일을 제외하고 매일 영업합니다.

A **What time do you _____ dinner?** 저녁 영업시간이 어떻게 되나요?

B **We serve dinner from 5 to 10 p.m.**
저희 레스토랑은 5시부터 10시까지 저녁 영업을 합니다.

STEP 2

open 영업을 하다
⇒ **We open at 10 a.m.** 10시에 오픈합니다.
⇒ **We open from Monday to Friday.** 월요일부터 금요일까지 영업합니다.

except ~을 제외하고
⇒ **I workout every day except Sunday.** 난 일요일을 제외하고 매일 운동해.
⇒ **I like all fruits except grapefruits.** 난 자몽을 제외하고, 과일은 다 좋아해.

Mondays 매 월요일, 월요일마다
⇒ **I don't work on Sundays.** 매주 일요일은 출근 안 해.
⇒ **We close on Mondays.** 매주 월요일은 휴업합니다.

serve (식사나 음식)을 제공하다, (음식점)이 영업을 하다
⇒ **We serve lunch every day.** 매일 점심영업을 합니다.
⇒ **We serve lunch from 10 o'clock.** 저희 레스토랑은 10시부터 점심 영업을 합니다.

A   **What days do you** open**?** 무슨 요일에 영업하시나요?

What days do you 동사**?** = 무슨 요일에 동사하시나요?

☞ 영업일을 묻는 표현

⇒ **What days do you close?** 무슨 요일에 폐점하나요?

⇒ **What days do you work?** 너는 무슨 요일에 출근하니?

B   **We open everyday** except Mondays.

매주 월요일을 제외하고 매일 영업합니다.

every day except 요일 = 요일을(를) 제외하고 항상

☞ 특정일만 제외하고 늘 영업한다는 표현

⇒ **We serve lunch every day except Sundays.**

     일요일을 제외하고 매일 점심영업을 합니다.

⇒ **I work everyday except Sundays.** 일요일 빼고 늘 일해.

A   **What time do you** serve **dinner?** 저녁 영업시간이 어떻게 되나요?

What time do you serve 식사시간대(breakfast/lunch/dinner)

☞ 레스토랑이나 카페의 영업시간을 묻는 표현

⇒ **What time do you serve breakfast?** 아침은 몇 시에 제공하나요?

⇒ **What time do you serve lunch?** 점심은 몇 시에 제공하나요?

B   **We serve dinner from 5 to 10 p.m.**

저희 레스토랑은 5시부터 10시까지 저녁 영업을 합니다.

We serve 식사시간대 from 시간 to 시간

☞ 레스토랑이나 카페의 영업시간을 안내하는 표현

⇒ **We serve lunch from 10 a.m.** 점심은 10시부터 영업합니다.

⇒ **We serve breakfast buffet from 6 to 10:30 a.m.**

     조식뷔페는 아침 6시부터 10시 반까지 제공됩니다.

STEP 4

1 영업을 하다 :

2 ~을 제외하고 :

3 월요일마다 :

4 (식사나 음식)을 제공하다 :

STEP 5

1 무슨 요일에 영업하시나요? :

2 월요일을 제외하고 매일 영업합니다. :

3 저녁 영업시간이 어떻게 되나요? :

4 저녁은 7시부터 10시까지 영업합니다. :

친절한 영어 : 시간 앞에 오는 전치사 in/at/on

시간/요일/달 앞에는 전치사 in, at, on이 자주 사용됩니다.

at	7 o'clock	I wake up at 7 o'clock.
	9:30	I start work at 9:30.
	midnight, etc.	
	night/the end of ...	
on	Monday(s), Tuesday(s), etc.	
	July 25, October 10, etc.	
	Monday morning, Tuesday afternoon, Saturday night, etc.	

※ 예외 : 다음과 같은 문장에서는 전치사 on이 생략될 수 있습니다.

See you on Sunday. 또는 See you Sunday. (with or without on)

The concert is on June 22. 또는 The concert is June 22.

in	April, June, etc.
	2025, 2000 etc.
	the spring/summer/fall/winter
	the morning/afternoon/evening

※ 예외 : next/ last/ this/every 앞에서는 전치사 in, at, on을 사용하지 않습니다.

• I'm leaving next Monday. (not on next Monday)

• What are you doing this weekend?

32 테이블로 안내해 드리겠습니다

Self-CHECK ☐ 빈칸 채우기 ☐ 보카학습 ☐ 패턴학습 ☐ 말하기

STEP 1

A **Hi, I don't have a reservation, but do you ＿＿＿＿＿＿ a table?**
예약은 안 했는데, 테이블이 있나요?

B **Yes, we do. How many are there in your ＿＿＿＿＿＿?**
네, 있습니다. 몇 분이세요?

A **There are four of ＿＿＿＿＿＿, please.** 저희는 4명입니다.

B **Let me ＿＿＿＿＿＿ you to your table. This way, please.**
테이블로 안내해 드리겠습니다. 이쪽입니다.

STEP 2

have ~가 있다, 가지다
⇒ **I have a brother.** 난 동생이 하나 있어.
⇒ **Do you have a reservation?** 예약하셨나요?

party 일행, 단체
⇒ **a party of tourists** 단체 관광객
⇒ **a party of six** 6인 그룹

us 우리(에게)
⇒ **Will you come with us?** 우리와 함께 갈래?
⇒ **Why didn't you tell us?** 왜 말 안 했어?

show ~를 보여주다, 안내하다
⇒ **He showed me how to use chopsticks.**
그가 젓가락 사용법을 알려줬어요.
⇒ **I'll show you how to get there.** 거기 가는 길을 알려드릴게요.

A **I don't have a reservation, but do you** have **a table.**

예약은 안 했는데, 테이블이 있나요?

I don't have 명사 = 명사(는)가 없어요.

Do you have 명사 = 명사 있나요?

☞ 예약 없이 방문하여 빈 자리가 있는지 묻는 표현

⇒ **I don't have a pen.** 나 펜 없어.

⇒ **Do you have a pen?** 펜 있니?

B **How many are there in your** party**?** 몇 분이세요?

How many are there = 몇 명(개)이나 있나요?

☞ 일행의 인원수를 묻는 표현

⇒ **How many people are there?** 몇 분이세요?

⇒ **How many are there in your group?** 일행이 몇 분이세요?

A **There are four of** us**, please.** 저희는 4명입니다.

There are 숫자 of us = 저희는 숫자명이에요.

☞ '저희 일행은 몇 명이에요'라고 설명하는 표현

☞ We have a party of four.라고도 자주 쓴다.

⇒ **There are just two of us.** 저희는 단둘이에요.

⇒ **It's a big party of twenty.** 저흰 20명 대그룹이에요.

B **Let me** show **you to your table. This way, please.**

테이블로 안내해 드리겠습니다. 이쪽입니다.

Let me show you to 명사 = 명사로 안내하겠습니다.

☞ 테이블로 안내하며 방향을 제시하는 표현

⇒ **Let me show you to your room.** 객실로 안내해 드리겠습니다.

⇒ **Let me show you to your seat.** 좌석으로 안내해 드리겠습니다.

1   ~가 있다, 가지다 :

2   일행 :

3   우리(에게) :

4   ~를 보여주다, 안내하다 :

1   예약은 안 했는데, 자리 있나요? :

2   몇 분이십니까? :

3   저희는 4명입니다. :

4   테이블로 안내해 드리겠습니다. 이쪽입니다. :

친절한 영어 : 레스토랑 예약하기 seat vs table

항공권을 예약할 때는 좌석 seat를 예약하고, 호텔을 예약할 때는 객실 room을 예약
합니다.
한국에서는 레스토랑을 이용할 때 '몇 명 자리 있나요?' 또는 '몇 명 식사할 수 있나요?'
라고 묻는 반면, 영어로는 'table 있나요?'라고 묻습니다.
seat는 콘서트나 연주회 등의 객석, 또는 항공기의 좌석을 의미하며, 레스토랑을 예약
할 때는 사용하지 않습니다.

레스토랑을 예약하거나 이용할 때는 '2인 식사할 수 있나요?' 또는 '2인 테이블 있나요?'
와 같이 올바른 영어로 말해보세요.

❖ **Do you have a table for** 인원수

- Do you have a table for two? 2명 자리 있나요?
- Do you have any tables free? 빈자리 있나요?
- We don't have any tables left tonight. 오늘 저녁은 남은 자리가 없습니다.
- Do you have a table on the terrace? 테라스에 자리 있나요?

※ I'd like to reserve a seat for the concert. 콘서트 좌석을 예약하고 싶어요.
※ Are there any seats available on the flight? 그 항공편에 남은 좌석이 있나요?

33 주문하시겠습니까

Restaurant

Self-CHECK □ 빈칸 채우기 □ 보카학습 □ 패턴학습 □ 말하기

STEP 1

A **Are you ＿＿＿＿＿ to ＿＿＿＿＿ now?** 주문하시겠습니까?

B **Let me have the ＿＿＿＿＿ steak, please.**

저는 필레 스테이크로 할게요.

A **How would you like your steak?** 스테이크는 어떻게 요리해 드릴까요?

B **Medium ＿＿＿＿＿ would be fine.** 미디엄레어면 좋겠어요.

STEP 2

ready ~의 준비가 된

⇒ **Dinner's ready!** 저녁 다 됐어요!

⇒ **Are you ready? Hurry up!** 다 됐어? 서둘러!

order ~을 주문하다, 주문

⇒ **Can I take your order now?** 주문하시겠습니까?

⇒ **I'd like to place an order.** 주문할게요.

filet 필레(고기), (뼈 없는) 생선살 ※(영) fillet

⇒ **I love Filet-O-Fish.** 난 필레오피시가 너무 좋아.

⇒ **Do you like chicken filets?** 치킨 필레 좋아하니?

rare (고기가) 덜 구워진, 덜 익은

⇒ **I'd like my steak rare, please.** 레어로 익혀주세요.

⇒ **Would you like your steak rare, medium, or well done?**

레어, 미디엄, 웰던 중 어떻게 해드릴까요?

A **Are you** ready **to** order **now?** 주문하시겠습니까?

Are you ready to 동사 = 동사 하실 준비가 되셨나요?

☞ 고객이 주문할 준비가 되었는지 묻는 전형적인 표현

☞ 더욱 정중하게 May I take your order?라고도 자주 사용

⇒ **Are you ready to go?** 갈 준비 됐니?

⇒ **Are we ready to leave now?** 우리 떠날 준비 다 됐지?

B **Let me have the** filet **steak, please.** 저는 필레 스테이크로 할게요.

Let me have 명사 = 저는 명사 로 할게요.

☞ 레스토랑에서 '~로 주세요'라고 주문하는 표현

☞ I'll have 명사 또는 Can I have 명사 로도 사용한다.

⇒ **Let me have this one.** 전 이걸로 할게요.

⇒ **Let me have just a cup of coffee.** 전 그냥 커피 한 잔이요.

A **How would you like your steak?** 스테이크는 어떻게 요리해 드릴까요?

How would you like 명사 = 명사 를 어떻게 해드릴까요?

☞ 스테이크 또는 달걀요리의 익힘 정도를 묻는 전형적인 표현

⇒ **How would you like your eggs?** 계란은 어떻게 해드릴까요?

⇒ **How would you like your coffee?** 커피는 어떻게 드릴까요?

B **Medium** rare **would be fine.** 미디엄레어면 좋겠어요.

명사/형용사 would be fine = 명사/형용사 면 좋겠어요.

☞ 스테이크의 익힘 정도는 rare, medium, well done으로 표현

⇒ **Orange juice would be fine.** 오렌지주스가 좋겠네요.

⇒ **Just water would be fine for me.** 난 그냥 물이면 돼.

1   ~할 준비가 된 :

2   ~을 주문하다, 주문 :

3   필레(고기) :

4   (고기가) 덜 구워진 :

1   주문하시겠습니까? :

2   저는 필레 스테이크로 할게요. :

3   스테이크는 어떻게 요리해 드릴까요? :

4   미디엄레어면 좋겠어요. :

친절한 영어 : 주문받기

레스토랑을 방문하는 고객은 보통 식사할 메뉴를 미리 결정하지 않고, 테이블에 앉아서 메뉴를 보고 주문합니다. 서비스 직원은 고객이 자리에 앉은 후 메뉴를 제공하고, 충분히 시간을 드린 다음 고객이 결정했는지 여쭤봐야 합니다.

고객이 주문할 메뉴를 결정하였는지 물어볼 때는 '주문하시겠습니까?' 또는 '주문을 받아도 될까요?'라고 친절한 영어로 말해보세요.

❖ order : ~을 주문하다

Are you ready to order, now?

Would you like to order now?

❖ place an order : 주문하다

Are you ready to place an order?

Would you like to place an order now?

❖ take an order : 주문을 받다

May I take your order now?

Can I take your order?

다음 빈칸을 채워 '주문하시겠습니까?'의 문장을 완성해 보세요.

1. Are you ready to _____ an order now?

2. Would you like to _____ now?

3. May I _____ your order now?

34 리필해 주실 수 있나요

Self-CHECK ☐ 빈칸 채우기 ☐ 보카학습 ☐ 패턴학습 ☐ 말하기

STEP 1

A **Can I get a _____?** 리필 좀 해주실 수 있나요?

B **Sure. Was that _____ tea?** 물론이죠. 그게 아이스티였나요?

A **Yes, but can I have _____ _____?**

그렇긴 한데 그 대신에 탄산음료로 주실 수 있나요?

B **Of course. No problem.** 그럼요. 전혀 문제 되지 않습니다.

STEP 2

refill 리필, ~를 다시 채우다

⇒ **Would you like a refill?** 리필해 드릴까요?

⇒ **I need a refill.** 리필해 주세요.

ice 아이스

⇒ **iced coffee** 아이스커피

⇒ **iced water** 얼음물

soda 탄산, 탄산음료 = pop, soda pop, soft drink

⇒ **Do you have any soda?** 탄산음료 있나요?

⇒ **We have coke and Sprite.** 콜라와 사이다가 있어요.

instead 대신에

⇒ **Let me have this instead.** 그 대신에 이걸로 주세요.

⇒ **Would you like some tea instead?** 대신 차라도 드릴까요?

A   **Can I get a** refill**?** 리필 좀 해주실 수 있나요?

   Can I get 명사 = 명사 좀 해주실 수 있나요?

   ☞ '~를 주세요'와 같은 의미로 ~을 주실 것을 요청하는 표현

   ☞ give me보다 공손하고 자연스러운 표현

   ⇒ **Can I get some more wine?** 와인 좀 더 주실 수 있나요?

   ⇒ **Can I get some water?** 물 좀 더 주실 수 있나요?

B   **Sure. Was that** iced **tea?** 물론이죠. 그게 아이스티였나요?

   Was that 명사 = 그게 명사였나요?

   ☞ 먼저 제공받은 것이 무엇이었는지 물어보는 표현

   ⇒ **Was that yours?** 그게 네 것이었니?

   ⇒ **Was that you, mom?** 엄마, 그게 엄마였어요?

A   **Yes, but can I have** soda instead**?**

   그렇긴 한데 그 대신에 탄산음료를 주실 수 있나요?

   instead = 그 대신에

   ☞ ~ 대신에 다른 것으로 달라고 요청하는 표현

   ⇒ **I'd like iced coffee instead.** 전 그 대신에 아이스커피로 할게요.

   ⇒ **Can I get some wine instead?** 그 대신에 와인으로 주실 수 있나요?

B   **Of course. No problem.** 그럼요. 전혀 문제 되지 않습니다.

   no problem = 전혀 문제 되지 않습니다

   ☞ '물론 되죠~' 고객의 요청이 전혀 번거롭지 않다는 표현

   ⇒ **Can you make a reservation for me?/No problem. I'll handle it.**

     예약을 해주실 수 있나요./문제없어요. 제가 처리할게요.

   ⇒ **Sorry for the delay./No problem. It happens.**

     지연에 대해 사과드립니다./문제없어요. 그런 일도 있죠.

1   ~을 다시 채우다 :

2   아이스 :

3   탄산음료 :

4   대신에 :

1   리필 좀 해주실 수 있나요? :

2   그게 아이스티였나요? :

3   그렇긴 한데 소다를 주실 수 있나요? :

4   그럼요. 왜 안 되겠어요? :

친절한 영어 : 무알코올 음료 설명하기

- drinks 음료 ※ 일상적인 대화에서 캐주얼하게 사용
- beverage 모든 종류의 음료 ※ 일상적인 대화보다는 메뉴판이나 사업적인 맥락에서 사용
- soft drink 알코올이 없는 탄산음료(= soda)
- carbonated drink 탄산음료 ※ 기술적이거나 음료 생산 관련되어 사용
- canned pop 캔에 든 탄산음료 (pop은 탄산을 의미)
- cider ※(영) 사과주, (미) 사과주스 ※ 한국에서 말하는 사이다는 Sprite 또는 Seven up 등 상표명으로 말함
- coffee 커피
- cola 콜라 ※ 일반적으로 Coke 또는 Pepsi 등의 상표명으로 말함
- decaffeinated coffee/tea 디카페인 커피, 디카페인 차
- float 플로트 : 아이스크림을 띄운 음료. v. 떠가다, 뜨다, 띄우다
- ginger ale 진저에일 : 생강 맛을 첨가한 무알코올 탄산음료
- hot chocolate 핫초콜릿
- juice 주스(orange juice, apple juice, grape juice, tomato juice)
- juice box (빨대가 달린) 종이팩 주스
- latte 라떼 : 뜨거운 우유를 탄 에스프레소커피
- lemonade 레모네이드
- milk 우유
- milkshake 밀크셰이크
- soda 탄산음료, 소다수(= soda water)
- sports drink/sports beverage 스포츠음료, 이온음료
- tea 차(black tea 홍차, green tea 녹차 등)
- water 물(bottled water · mineral water 생수, sparkling water 탄산수 등)

35 계산서를 주시겠어요

Self-CHECK　□ 빈칸 채우기　□ 보카학습　□ 패턴학습　□ 말하기

STEP 1

A　**Excuse me. Can we have the** _____**, please?** 실례합니다. 계산서를 주시겠어요?

B　**Sure. I'll get it ready right away.** 네. 바로 준비해 드리겠습니다.

B　**How would you like to** _____**?** 어떻게 계산하시겠습니까?

A　**I'll pay by** _____ **card. Do you** _____ **American Express?**
　카드로 할게요. 아멕스카드 받으세요?

STEP 2

check　(식당, 바의) 계산서 ※(영) bill

⇒ **Here's your check.** 계산서입니다.

⇒ **Can you get my check ready?** 계산서를 준비해 주시겠어요?

pay　지불하다, ~을 지불하다

⇒ **I'll pay in cash.** 현금으로 계산할게요.

⇒ **He paid for the tickets.** 그가 티켓값을 다 지불했어.

credit　신용, 후불

⇒ **Cash or credit?** 현금이요? 카드요?

⇒ **He bought most of the furniture on credit.**
　그는 대부분의 가구를 외상으로 구매했다.

accept　~를 받아주다, 받아들이다

⇒ **We accept US dollars, too.** 달러도 받습니다.

⇒ **Do you accept credit cards?** 신용카드 받으세요?

A **Can we have the** check, **please?** 계산서를 주시겠어요?

Can we have 명사 = 명사를 주시겠어요?

☞ 레스토랑이나 바에서 계산서를 요청하는 표현

⇒ **Can we have the bill**, now? 계산서를 주시겠어요?

⇒ **Can I get the check, please?** 계산서를 주시겠어요?

B **I'll get it ready right away.** 바로 준비해 드리겠습니다.

get 명사 ready = 명사를 준비하다

right away = 바로, 즉시

☞ 고객의 요청에 따라 바로 준비해서 갖다드리겠다는 표현

⇒ **I'll get your bill ready.** 계산서를 준비해 드리겠습니다.

⇒ **Could you get my bill ready?** 계산서를 준비해 주시겠어요?

B **How would you like to** pay**?** 어떻게 계산하시겠습니까?

How would you like 동사 = 어떻게 동사하기를 원하십니까?

☞ 현금 또는 신용카드 등 지불방법을 묻는 표현

⇒ **How would you like to do?** 어떻게 하시겠습니까?

⇒ **How would you like to spend the rest of the day?**
남은 하루를 어떻게 보내시겠습니까?

A **Do you** accept **American Express?** 아멕스카드 받으세요?

Do you accept 명사 = 명사를 받습니까?

☞ 현금, 카드 등 결제를 받는지 여부를 묻는 표현

⇒ **Do you accept cash?** 현금결제 되나요?

⇒ **Do you take credit cards?** 신용카드 받으세요?

1   계산서 :

2   지불하다 :

3   신용 :

4   ~를 받아주다 :

1   계산서를 주시겠어요? :

2   바로 준비해 드리겠습니다. :

3   어떻게 계산하시겠습니까? :

4   아멕스카드 받으세요? :

친절한 영어 : 알아두면 유용한 레스토랑 용어

- order 주문, 주문하다
- place an order 주문하다
- menu 메뉴(kids menu 어린이 메뉴, dessert menu 디저트 메뉴)
- wine list 와인 메뉴
- cocktail list 칵테일 메뉴
- appetizer 전채요리 ※(영) starter : 식사의 맨 처음에 나오는 요리
- aperitif 아페리티프, 식전주 : 식사 전에 제공되는 음료
- entree/main dish 주요리
- dish 요리, 음식
- table 테이블(한국에서는 좌석 또는 몇 명자리 등으로 식사예약을 하는데 영어로는 몇 명 테이블이라고 말함)
- dinnerware 식기류
- silverware 금속식기류(forks, knives, spoons 등) ※(영) cutlery
- glassware 유리식기류
- chinaware 도기/자기 식기류
- plate 접시(plateware 접시류)
- linen 린넨 : tablecloth, napkins, place mat 등 포함
- meal 식사
- platter 플래터 : 대형접시, 여러 음식을 한 접시에 놓은 요리
- combo meal 패스트푸드점의 세트메뉴 ※ 세트메뉴는 올바른 영어가 아니라 한국과 일본에서 사용하는 용어
- prix-fixe[príːfíks] 정식, 코스요리(정찬 레스토랑에서 사용하는 용어)
- bill 계산서 ※(미) check
- server 서버 : waiter, waitress
- busboy 버스보이 : 웨이터의 보조

36 무엇을 드릴까요

Self-CHECK   □ 빈칸 채우기   □ 보카학습   □ 패턴학습   □ 말하기

STEP 1

A   **What can I _____ you today?** 무엇을 드릴까요?

B   **I'll have a large _____ beer. What _____ you, P.J.?**
난 생맥 큰 걸로 할래, P.J. 너는?

C   **Could I have a _____ beer, San Miguel?** 산미구엘이요, 병으로 주세요.

A   **You got it. Right away.** 알겠습니다. 바로 됩니다.

STEP 2

get   ~에게 가져다주다

⇒ **Can I get you another one?** 다른 것으로 드릴까요?

⇒ **I'll get you some more.** 좀 더 갖다드릴게요.

draft   (병에 담지 않고) 통에서 바로 꺼내는 ※(영) draught

⇒ **Would you like draft or bottled?** 생맥주요 아니면 병맥주요?

⇒ **I'll have a draft beer.** 생맥주로 주세요.

what about   (의견을 물음) ~는 어때?

⇒ **What about that!** (놀람, 칭찬을 나타내어) 대단하다~

⇒ **What about it?** = So what 그게 뭐 어떤데요?

bottled   병에 담긴

⇒ **bottled water** 병에 담긴 물

⇒ **bottled juice** 병에 든 주스

A **What can I get you today?** 무엇을 드릴까요?

What can I get you? = 무엇을 드릴까요?

☞ '뭘로 드릴까요?'와 같은 캐주얼한 표현

☞ Bar 서비스의 특성상, 직원과 고객이 종종 친구처럼 편하게 대화를 주고받는다.

⇒ **What can I get you?/A bottled beer.** 뭘로 드릴까요?/병맥주요.

⇒ **What can I get you?/Same as usual.** 뭘로 드릴까요?/늘 먹는 것으로요.

B **I'll have a large draft beer. What about you, P.J.?**

난 생맥 큰 걸로 할래. P.J. 너는?

What about you? = 너는?/넌 어때?

☞ 상대방의 선택이나 의견을 묻는 표현

⇒ **I prefer red wine. What about you?** 저는 레드와인이 좋아요, 당신은요?

⇒ **I like this. What about you?** 난 이게 좋은데, 너는?

C **Could I have a bottled beer, San Miguel?** 산미구엘이요, 병으로 주세요.

bottled beer = 병맥주

☞ a bottle of beer = 맥주 한 병

⇒ **I'd rather have bottled than draft.** 생맥보단 병맥이 낫겠어.

⇒ **Absolutely. I'll have a bottled beer.** 당연히 병맥이쥐!

A **You got it. Right away.** 알겠습니다. 바로 됩니다.

You got it = 알겠습니다

☞ 요청에 대한 긍정적이며 확실한 응답의 표현

⇒ **Can I have it by tomorrow?/You got it.**

내일까지 받을 수 있을까요?/네 물론입니다.

⇒ **Everything you need, you got it.** 네가 필요한 건 모두, 다 네 거야.

STEP 4

1   ~에게 가져다주다 :

2   (병에 담지 않고) 통에서 바로 꺼내는 :

3   (의견을 물음) ~는 어때? :

4   병에 담긴 :

STEP 5

1   무엇을 드릴까요? :

2   난 생맥 큰 걸로 할래. P.J. 너는? :

3   산미구엘이요, 병으로 주세요. :

4   알겠습니다. 바로 됩니다. :

친절한 영어 : 알코올 음료 설명하기 1

음료는 무알코올 음료(non-alcoholic beverage)와 알코올 음료(alcoholic beverage)로 분류됩니다. 다음은 알코올 음료를 설명할 때 사용하는 형용사입니다. 음료의 종류에 따라 다음과 같이 다양한 형용사로 음료의 선택 옵션을 설명해 보세요.

주류	형용사
• wine	red, white, rose(로제)
	sparkling, still
	dry, medium dry, sweet
	full-bodied, medium-bodied, light-bodied
• beer	draught(draft), bottled,
	large, small
• spirits	large(double), small(single)
• water	sparkling, still

다음의 빈칸을 채워 음료 주문을 받아보세요.

예 : I'd like a glass of white wine, please.

   Yes, would you like _dry_ or _sweet_?

1. Can I have a beer, please?

   Yes, would you like _____ or _____ ?

2. Can I have two whiskies, please?

   Yes, would you like _____ or _____ ?

37 이거면 돼요

STEP 1

A **Would you like something to _____?** 마실 것을 좀 드릴까요?

B **A whisky and soda, and a _____ water, please.**

위스키 앤 소다 1개랑 생수 하나요.

A **Here you go. Anything _____ you need?**

여기 있습니다. 또 필요하신 건요?

B **This will do. _____ it.** 이거면 돼요, 감사합니다.

STEP 2

drink (음료를) 마시다

⇒ **I don't drink coffee at night.** 난 밤엔 커피 안 마셔.

⇒ **Drink some!** 좀 마셔!

mineral 광천수, 생수 ※ spring water

water ⇒ **A bottle of mineral water, please.** 생수 한 병이요.

⇒ **Is mineral water good for you?** 생수가 몸에 좋나요?

else 그 밖의, 다른

⇒ **What else did he say?** 그가 또 뭐라고 했죠?

⇒ **Let's go somewhere else.** 다른 곳으로 가자.

appreciate 감사하다, 고마워하다

⇒ **I appreciate your help.** 도와주셔서 감사합니다.

⇒ **I really appreciate it.** 정말 감사해요.

A **Would you like something to** drink? 마실 것을 좀 드릴까요?

Would you like something to 동사하실 것 좀 드릴까요?

☞ 상대방에게 무엇을 제공하고자 할 때 쓰는 정중한 표현

⇒ **Would you like something to eat?** 먹을 것 좀 드릴까요?

⇒ **Would you like something warm to wear?** 따뜻하게 입을 거 좀 줄까?

B **A whisky and soda, and a** mineral **water, please.**

위스키 앤 소다 1개랑 생수 하나요.

명사 and 명사, please. = 명사랑 명사요.

☞ 주문할 경우 I'll have 또는 Let me have 등을 생략하고 원하는 것만 나열하여 주문하기도 한다.

⇒ **Just a bottled beer**, please. 그냥 병맥주 하나요.

⇒ **A coke and orange juice, please.** 콜라하고 오렌지 주스요.

A **Here you go. Anything** else **you need?**

여기 있습니다. 더 필요하신 게 있나요?

(Is there) anything else = 다른 것, 그 밖의, 다른 ~ 있나요?

☞ 서비스 제공 후 추가로 더 필요한 것이 있는지 묻는 표현

⇒ **Is there anything else you'd like?** 다른 필요한 게 있으세요?

⇒ **Is there anything else I can help you with?** 더 도와드릴 게 있을까요?

B **This will do.** Appreciate **it.** 이거면 돼요. 감사합니다.

This(That) will do = 이거(그거)면 돼!

☞ 다른 필요한 것 없이 '이걸로 충분하다'는 표현

⇒ **Some more?/This will do.** 좀 더 줄까?/이거면 돼.

⇒ **That will do. Thanks.** 그거면 돼요. 고마워요.

1   (음료를) 마시다 :

2   생수, 광천수 :

3   그 밖의 :

4   고마워하다 :

1   마실 것을 좀 드릴까요? :

2   위스키 앤 소다 1개랑 생수 하나요. :

3   여기 있습니다. 더 필요하신 게 있나요? :

4   이거면 돼요. 감사합니다. :

친절한 영어 : Bar에서 주문받기

일반적으로 Bar를 찾는 고객은 음식보다는 음료를 주문하며 편하고 자유로운 분위기를 선호합니다. 주문 후에도 바텐더와 친근하게 대화를 나누며 시간을 보내는 경우가 많습니다.

레스토랑에서 격식을 갖춰 정중하게 주문받는 것과 달리 Bar에서는 캐주얼한 어투로 친근하게 고객에게 다가갑니다.

Bar에서 고객을 응대할 때는 '오늘은 뭘로 드릴까요?' '어떤 걸로 드릴까요?'와 같이 친근한 영어로 말해보세요.

음료를 주문받는 친근한 영어 표현

❖ What can I get you? 뭘로 드릴까요?

   바에서 가장 자주 사용되는 표현으로, 고객이 원하는 음료나 음식을 물어볼 때 사용

❖ What can I get you, today? 오늘은 뭘로 드릴까요?

   오늘 하루를 강조하며, 좀 더 친근한 느낌을 주는 표현

❖ What would you like, today? 오늘은 어떤 걸로 드릴까요?

   고객이 오늘 무엇을 원하는지 물어보는 표현으로, 좀 더 정중한 느낌

❖ (Would you like) Something to drink? 음료 좀 드릴까요?

   고객이 음료를 주문할 수 있도록 유도하는 표현, 일반적인 음료 주문 표현

❖ (Is there) Anything you'd like? 뭐가 필요하신가요?

   포괄적인 질문으로 음료 외에도 다른 요구사항을 확인할 때 사용

❖ Can I get you anything else? 다른 것 더 필요하신가요?

   주문한 음료나 음식 외에 추가로 필요한 것이 있는지 확인하는 표현

38 맛있게 드세요

Self-CHECK ☐ 빈칸 채우기 ☐ 보카학습 ☐ 패턴학습 ☐ 말하기

STEP 1

A I think I'll have a _____, Long island iced tea, please.

음, 칵테일로 할게요. 롱아일랜드 아이스티요.

B And whiskey on the _____ for me, please. 전 위스키 온더락이요.

C Sure. Here's your drink. _____ it. 여기요. 맛있게 드세요.

A Thank you. Can I have the _____. It's on me, today.

감사합니다. 계산서 주세요. 오늘은 제가 계산합니다.

STEP 2

cocktail   칵테일

⇒ **A cocktail bar** 칵테일 바

⇒ **A cocktail party** 칵테일파티

rock   돌

⇒ **The Lord is my rock.** 여호와는 나의 반석이요.

⇒ **Rocks ahead!** 암초다, 조심해라!

enjoy   ~을 즐기다

⇒ **I really enjoyed being with you.** 너와 함께해서 정말 즐거웠어.

⇒ **I hope you enjoy your stay with us.**

저희 호텔에서 즐거운 시간 보내시기 바랍니다.

tab   계산서

⇒ **Put it on my tab.** 내 앞으로 달아두세요.

⇒ **Here's your tab.** 여기 계산서입니다.

A   **I think I'll have a** cocktail, **Long island iced tea, please.**

음, 칵테일로 할게요. 롱아일랜드 아이스티요.

I think I'll 동사 = 음, 전 동사할게요.

☞ 단호한 어투를 피해 부드럽게 '~하겠다'는 의사를 전달하는 표현

⇒ **I think I'll do that, too.** 음, 그럼 나도 그렇게 할게.

⇒ **I think I'll come with you.** 음, 나도 같이 갈게.

B   **And whiskey on the** rocks **for me, please.** 전 위스키 온더락이요.

on the rocks = 온더락, 얼음 위에 위스키를 따라 마시는 것

☞ 위스키를 얼음과 함께 주문하는 일반적인 표현

⇒ **How would you like your drink?/On the rocks, please.**

음료는 어떻게 드릴까요?/얼음에 넣어주세요.

⇒ **Straight?/No, on the rocks.** 스트레이트로 드릴까요?/아뇨, 온더락으로요.

C   **Here's your drink.** Enjoy **it.** 여기요. 맛있게 드세요.

Enjoy it = 맛있게 드세요.

☞ 식사 또는 음료를 제공하며 '맛있게 드세요'라는 표현

⇒ **Enjoy your meal.** 맛있게 드세요.

⇒ **I hope you enjoy your meal.** 맛있게 드세요.

A   **Can I have the** tab. **It's on me, today.** 계산서 주세요. 오늘은 제가 계산합니다.

It's on me! = 제가 살게요.

I got this. = 내가 쏠게. (Informal)

It's my treat. = 제가 대접할게요.

☞ '내가 계산할게요, 제가 살게요'와 같은 표현

⇒ **It's on me, this time.** 이번엔 제가 살게요.

⇒ **No way, it's on me.** 말도 안 돼. 내가 살게.

1   칵테일 :

2   돌 :

3   ~를 즐기다 :

4   계산서 :

1   음, 전 칵테일로 할게요. :

2   전 위스키 온더락이요. :

3   여기요. 맛있게 드세요. :

4   계산서 주세요. 오늘은 제가 냅니다. :

친절한 영어 : 식사 전 인사

한국에서는 식사 전에 '맛있게 드세요'라고 인사합니다. 영어로 '맛있게 드세요'와 가장 가까운 의미의 인사말은 enjoy입니다.

고객에게 식사나 음료를 제공하면서, 또는 음식이나 음료를 먹기 전에, '맛있게 드세요~'라고 친절한 영어로 말해보세요.

참고로 'Bon appetit 본 아페티'는 '맛있게 드세요'란 의미의 프랑스어로, 전 세계적으로 식사 전 인사로 많이 사용되고 있습니다.

식사 전에 인사하는 친절한 영어 표현

❖ Enjoy your meal.
    식사를 시작할 때 가장 일반적으로 사용되는 표현

❖ Enjoy it.
    음료나 음식이 제공된 후 사용, 식사 전에도 사용 가능

❖ I hope you enjoy the meal.
    보다 개인적인 터치가 있는 표현, 고객이 음식 즐기길 바라는 마음을 표현

❖ Enjoy your dinner.
    저녁 식사에 특화된 표현

❖ Bon appetit.
    프랑스어에서 유래된 표현으로, 전 세계적으로 사용

※ **Tuck in** : 많이 먹어~. (비격식)
※ **Dig in** : 먹어~. (비격식)

39 객실요금으로 청구해 드릴까요

Self-CHECK ☐ 빈칸 채우기 ☐ 보카학습 ☐ 패턴학습 ☐ 말하기

STEP 1

A **I'm leaving now. Can I have the _____, please?**
이제 가려고요. 계산서를 주시겠어요?

B **Here it is. Would you like me to _____ it to your room _____?**
여기 있습니다. 이것을 객실요금으로 청구하시겠습니까?

A **No, I'll pay now with my Visa. Here.** 아니요, 비자로 지금 계산할게요. 여기요.

B **Can I have your _____ here, please?** 여기 서명해 주시겠습니까?

STEP 2

check 계산서
⇒ **I'll get your check ready.** 계산서를 준비해 드릴게요.
⇒ **This isn't my check.** 제 계산서가 아닌데요.

charge ~의 요금을 청구하다. 요금
⇒ **How much do you charge?** 얼마를 받으시나요?
⇒ **There is no extra charge.** 추가요금은 없습니다.

account 계좌
⇒ **banking/savings account** 입출금/적금 계좌
⇒ **I'd like to open an account.** 계좌를 개설하고 싶어요.

signature 서명
⇒ **Don't forget to get the customer's signature.**
고객의 서명을 받는 것을 잊지 마세요.
⇒ **Please print your name clearly below your signature.**
서명 밑에 성함을 정자체로 써주세요.

A **I'm leaving now. Can I have the** check**, please?** 이제 가려고요. 계산서를 주시겠어요?

I'm + 동사ing now = 이제 동사하려고요.

☞ 식사를 마치고 계산서를 요청하는 정중한 표현

⇒ **We're leaving now.** 저희 이제 가려고요.

⇒ **Are you leaving now?** 지금 가시나요?

B **Would you like me to** charge **it to your room** account**?**

이것을 객실요금으로 청구하시겠습니까?

charge 명사 to one's room account = 객실요금으로 명사를 청구하다.

Would you like me to 동사 = 제가 동사해 드릴까요?

☞ 호텔 내 서비스를 이용하고 객실요금으로 청구하여 체크아웃 시 함께 계산하기를
원하는지 묻는 정중한 표현

⇒ **Would you like me to put it on your room?** 객실요금으로 청구해 드릴까요?

⇒ **Can you put it on my room account?** 룸차지로 해주시겠어요?

A **No**, **I'll pay now with my Visa. Here.**

아니요, 비자로 지금 계산할게요. 여기요.

pay in/by/with 지불수단 = 지불수단으로 계산하다

☞ 즉시 계산할 것이며, '~로 결제'할 것임을 나타내는 표현

⇒ **I'll pay in cash.** 현금으로 계산할게요.

⇒ **I'll pay by credit card.** 신용카드로 계산할게요.

B **Can I have your** signature **here, please?** 여기 서명해 주시겠습니까?

Can I have 명사 = 명사를 주시겠습니까?

☞ 영수증이나 계산서에 서명을 요청하는 표현

⇒ **Can I have your last name?** 성함을 알려주시겠습니까?

⇒ **Can I have your passport?** 여권을 보여주시겠습니까?

STEP 4

1   계산서 :

2   계좌 :

3   ~의 요금을 청구하다 :

4   서명 :

STEP 5

1   이제 가려고요. 계산서를 주시겠어요?

:

2   이것을 객실요금으로 청구하시겠습니까?

:

3   아니요, 비자로 지금 계산할게요. 여기요.

:

4   여기 서명해 주시겠습니까? :

친절한 영어 : 객실요금으로 청구하기

호텔 바에는 바 이용만을 위한 외부 고객도 많지만 호텔에 투숙 중인 고객(in-house guest)도 많이 방문을 합니다.

호텔에서는 투숙 고객이 호텔 내 서비스 현장에서 바로 계산하지 않고 바 또는 레스토랑 등 호텔 내 시설에서 이용한 모든 비용을 체크아웃할 때 한번에 계산할 수 있도록 편의를 제공합니다.

호텔 투숙 고객에게 나중에 체크아웃할 때 함께 계산하기를 원하는지 또는 현장계산을 원하는지 물을 때는 '객실요금으로 청구하시겠습니까?'라고 친절한 영어로 말해보세요.

❖ charge it to one's room account

- Would you like me to charge it to your room account?
- Could you charge it to my room account?

❖ put it on one's room account

- Would you like me to put it on your room account?
- Would you like to put it on your room?
- Could you put it on my room account?
- Can you put it on my tab?

※ account
- 계좌 : 고객이 호텔 내 시설을 이용하고 한번에 후불로 계산할 수 있도록 관리하는 계좌

※ tab
- 미불 계산(비격식, 바에서 주로 사용), 외상

40 마르가리타는 어떻게 만드나요

Self-CHECK ☐ 빈칸 채우기 ☐ 보카학습 ☐ 패턴학습 ☐ 말하기

STEP 1

A How do you _____ a margarita? 마르가리타는 어떻게 만드나요?

B Just _____ in some tequila and triple sec. 데킬라와 트리플섹을 조금 부어주세요.

B _____, squeeze a little bit of fresh lemon juice and lime juice.
그 다음, 레몬주스와 라임주스를 조금 짜 넣으시고요.

B Shake well and pour the margarita into a salt-rimmed glass
잘 흔들어서 소금 바른 잔에 마르가리타를 붓고,

and garnish with a _____ of lime. That's it! 라임 조각으로 장식하면 끝이에요!

STEP 2

make 만들다
⇒ He made a chocolate cake. 그가 초콜릿케이크를 만들었어.
⇒ Made in China. 중국산

pour (액체를) 붓다
⇒ Let me pour you some coffee. 커피 좀 따라드릴게요.
⇒ Pour it into the bowl. 그것을 그릇에 부어주세요.

then 그 다음, 그 이후에
⇒ He then went to bed. 그러고 나서 그는 곧 잠자리에 들었다.
⇒ The Marketing exam is first, then the English test.
제일 먼저 마케팅 시험이고, 그 다음은 영어시험이야.

slice 한 조각, 얇게 썬 조각
⇒ a slice of toast 토스트 한 조각
⇒ a slice of pizza 피자 한 조각

A **How do you** make **a margarita?** 마르가리타는 어떻게 만드나요?

How do you make 명사 = 명사는 어떻게 만드나요?

☞ 조주법이나 요리법 등 만드는 방법을 묻는 표현

⇒ **How do you make this?** 이것은 어떻게 만드나요?

⇒ **How do you make a cupcake?** 컵케이크는 어떻게 만드나요?

B **Just** pour **in some tequila and triple sec.** 데킬라와 트리플섹을 조금 부어주세요.

pour in/into 명사 = 명사를 붓다, 따르다

☞ '액체를 따르다'는 의미로 칵테일 조주법을 설명하는 표현

⇒ **Pour the sugar into the bowl.** 그릇에 설탕을 부어주세요.

⇒ **I spilled the juice while I was pouring it into the pitcher.**

주스를 병에 따르다가 엎질렀어.

B **Shake well and pour the margarita into a salt-rimmed glass,**

잘 흔들어서 소금 바른 잔에 마르가리타를 붓고,

☞ 동사1 and 동사2 = 동사1해서 동사2하다

⇒ **Let's go and wash hands.** 가서 손 씻자.

⇒ **I'll go and check.** 내가 가서 확인할게.

and garnish with a slice **of lime. That's it!**

라임 조각으로 장식하면 끝이에요!

Garnish with 명사 = 명사로 장식하다

That's it! = 그게 다예요. 끝~!

☞ 음식이나 음료에 토핑 등으로 장식하는 것을 의미

⇒ **Garnish the dish with parsley before serving.**

서빙하기 전에 파슬리로 장식하세요.

⇒ **Garnish with a green olive.** 그린 올리브로 장식하세요.

1   만들다 :

2   붓다, 따르다 :

3   그 다음, 그 이후에 :

4   한 조각 :

---

1   컵케이크는 어떻게 만드나요? :

2   데킬라와 트리플섹을 조금 부어주세요. :

3   잘 흔들어서 잔에 부어주세요. :

4   라임 조각으로 장식하면 끝입니다! :

친절한 영어 : 알코올 음료 설명하기 2

- liquor 술, 증류주 ※(영) spirits
- whisky/bourbon/rum/Bacardi/brandy/vodka/gin/tequila
- cocktail 칵테일
- mixer 주류에 섞는 음료
- highball 하이볼 : 위스키에 소다수 등을 탄 음료
- beer 맥주(lager 라거/ale 에일)
- wine 와인

❖ order ~와인을 설명하는 다양한 표현

acidic 산성의	light 가벼운, 순한
aromatic 방향성의	ordinary 보통의
astringent 떫은	perfumed 향기로운
balanced 균형이 잡힌	pungent [pʌndʒənt] 톡 쏘는
bitter 쓴	scented 향기 있는
bland 순한, (맛)자극적이지 않은	smooth 연한
bouquet 향긋한 n. (와인의) 향미	soft 부드러운
common 보통의	sour 신
delicate 섬세한	sweet 달콤한
developed 숙성한	dry 쌉쌀한
flowery 화사한	tangy [tǽŋi] 톡 쏘는 듯한
fragrant 향기로운	tart (맛이 불쾌하게) 시큼털털한
fruity 포도의 풍미가 강한	young 설익은
gentle 순한, 부드러운	

41 서울 투어를 하고 싶어요

Self-CHECK ☐ 빈칸 채우기 ☐ 보카학습 ☐ 패턴학습 ☐ 말하기

STEP 1

A **I'm interested in going on a _____ of Seoul.** 서울 투어를 하고 싶습니다.

B **Would you prefer a _____ tour or a full-day tour?**
반일투어와 전일투어 중 어떤 것을 원하세요?

A **Can you _____ where the half-day tour goes?**
반일투어는 어디를 가는지 설명해 주실 수 있나요?

B **Sure. The half-day tour focuses on the main _____ in the Seoul area.**
반일투어는 서울의 주요 명소에 중점을 둡니다.

STEP 2

tour 투어, 짧은 여행
⇒ **go on a tour** 관광/여행을 떠나다.
⇒ **take a tour of the city** 시내를 구경하다.

half-day 반나절
⇒ **I will have to take a half-day off today.** 오늘 반차를 써야 해요.
⇒ **A half-day will be enough.** 반나절이면 충분해.

explain ~을 설명하다
⇒ **I explained the schedule to him.** 그에게 일정을 설명했어요.
⇒ **That explains it.** 말이 되네.

attraction 관광지, 명소
⇒ **a tourist attraction** 관광명소
⇒ **main attractions** 주요 관광지

A **I'm interested in going on a** tour **of Seoul.** 서울 투어를 하고 싶습니다.

am/are/is interested in 동사ing = 동사하는 것에 관심이 있다

☞ '~을 하고 싶다'라는 의미로, would like to 또는 want to와 같은 표현

⇒ **I'm interested in taking a tour.** 투어를 하고 싶어요.

⇒ **I'm interested in touring the area around Seoul.**

서울 주변을 투어하고 싶어요.

B **Would you prefer a** half-day **tour or a full-day tour?**

반일(반나절)투어와 전일투어 중 어떤 것을 원하세요?

Would you prefer A or B = A or B 중 무엇을 원하세요?

☞ 두 가지 선택지 중 어떤 것을 원하는지 고객의 선호를 묻는 표현

⇒ **Would you prefer a window or an aisle seat?**

창가좌석과 통로좌석 중 어떤 것을 선호하시나요?

⇒ **Would you prefer red or white?** 레드와인과 화이트와인 중 어떤 것을 드릴까요?

A **Can you** explain **where the half-day tour goes?**

반일투어는 어디를 가는지 설명해 주실 수 있나요?

Can you explain = 설명해 주시겠어요?

☞ 조금 자세히 알고 싶다고 설명을 요청하는 표현

⇒ **Can you explain why you did it?** 왜 그랬는지 설명해 줄래?

⇒ **Can you explain how it works?** 이거 어떻게 하는 건지 설명해 줄래?

B **The half-day tour focuses on the main** attractions **in the Seoul area.**

반일투어는 서울의 주요 명소에 중점을 둡니다.

focus on 명사 = 명사에 중점을 두다

☞ '~을 중점으로 하다, 초점을 두다'의 의미로 관광상품을 설명할 때 유용한 표현

⇒ **It focuses on the K-food.** K-푸드에 초점을 두었습니다.

⇒ **The tour focuses on the Palaces in Seoul.**

이 투어는 서울의 궁들에 중점을 두었습니다.

1   짧은 여행 :

2   반나절 :

3   ~을 설명하다 :

4   관광지, 명소 :

1   서울 투어를 하고 싶습니다. :

2   반일투어와 전일투어 중 어떤 것을 원하세요? :

3   전일투어는 어디를 가는지 설명해 주실 수 있나요? :

4   반일투어는 서울의 주요 명소에 중점을 둡니다. :

친절한 영어 : 알아두면 유용한 여행사 용어

- all inclusive 올인클루시브 : 모든 식사와 활동이 포함된 여행상품
- airtel 에어텔 : 항공권과 호텔을 묶음으로 판매하는 형식의 상품
- aircartel 에어카텔 : 항공권, 렌터카, 호텔을 묶음으로 판매하는 상품
- B&B(bed and breakfast) 비앤비 : 아침식사가 제공되는 숙박시설
- customized tour/personalized tour 맞춤 관광
- deposit 데파짓, 보증금
- FOC(Free Of Charge) 무료, 무료 티켓
- group rate 그룹 요금 : 단체여행 시 적용되는 할인요금
- half-day tour/full-day tour 반일관광/전일관광 상품
- itinerary 일정표
- invoice 인보이스, 요금청구 내역서
- land office 랜드사, 현지여행사
- land fee 현지 행사 비용
- OTA(Online Travel Agency) 온라인 여행사
- package tour 패키지 투어 : 여행사가 출발(집합장소)에서 도착지(해산장소)까지의 모든 여행 일정을 관리하는 형태의 여행상품
- private tour 개별 관광
- reconfirm 리컨펌, 예약 재확인
- stand-by 스탠바이 : 예약 없이 대기하는 상태
- TC(Tour Conductor) 국외여행 인솔자
- tour escort 인솔자
- tour guide 가이드
- tour operator 오퍼레이터
- travel agency 여행사
- travel product 여행상품
- traveler's insurance 여행자 보험
- voucher 바우처, 예약확인서

42 그거 좋겠는데요

Self-CHECK □ 빈칸 채우기 □ 보카학습 □ 패턴학습 □ 말하기

STEP 1

A **How about creating a _____ tour?** 맞춤형 투어를 만드시는 게 어떨까요?

A **You can design your _____ trip**, 고객님이 여행을 직접 설계하실 수 있고요,

  and we can have a guide _____ your group.

  가이드가 고객님 단체를 인솔하도록 할 수 있습니다.

B **That _____ good.** 그거 좋겠는데요.

STEP 2

customized   맞춤형, 주문식의

  ⇒ **a customized tour** 맞춤형 투어

  ⇒ **custom made** 주문하여 만든

own   자기 자신의

  ⇒ **She has her own car.** 그녀는 자기만의 차가 있어.

  ⇒ **Mind your own business.** 남의 일에 참견 마.

lead   인도하다, 이끌다

  ⇒ **A guide will lead the package.** 가이드가 패키지를 인솔할 거예요.

  ⇒ **He will lead the discussion.** 그가 토론을 이끌 거야.

sound   ~처럼 들리다

  ⇒ **Sounds good.** 좋지!

  ⇒ **It sounds great.** 아주 좋아요!

A **How about creating a** customized **tour?** 맞춤형 투어를 만드시는 게 어떨까요?

How about 동사 ing = 동사 하는 것은 어떠세요?

☞ 상대방에게 제안을 하며 의견을 묻는 표현

⇒ **How about going out for lunch?** 점심 먹으러 나가는 건 어때?

⇒ **How about going camping tomorrow?** 내일 캠핑 어때?

A **You can design your** own **trip,**

고객님이 고객님의 여행을 직접 설계하실 수 있고요,

You can 동사 = 동사 하실 수 있습니다.

☞ 원하는 대로 투어일정을 계획할 수 있다고 설명하는 표현

⇒ **You can create a private tour.** 개별투어를 만드실 수 있습니다.

⇒ **You can make a personalized tour.** 맞춤형 투어를 만드실 수 있습니다.

and we can have a guide lead **your group.**

가이드가 고객님 단체를 인솔하도록 할 수 있습니다.

have 사람 동사 = 사람이 동사 하도록 하다

☞ 고객이 원하는 일정에 맞춰 가이드가 인솔해 주는 맞춤형 투어를 설명하는 표현

⇒ **I'll have a guide escort your team.**

고객님의 단체를 가이드가 인솔하도록 해드리겠습니다.

⇒ **I'll have a maid makeup your room.**

직원을 시켜 객실을 정리해 드리겠습니다.

B **That** sounds **good.** 그거 좋겠는데요!

That sounds 형용사 = 형용사 같이 들리다.

☞ '좋은 생각이야'와 같은 의미로, 상대방의 의견이 좋아 보인다는 표현

⇒ **That sounds terrific.** 아주 좋아요!

⇒ **That sounds nice.** 괜찮네요.

STEP 4

1   맞춤형 :

2   자기 자신의 :

3   인도하다 :

4   ~처럼 들리다 :

STEP 5

1   맞춤형 투어를 만드시는 게 어떨까요? :

2   고객님의 여행을 직접 설계할 수 있습니다. :

3   가이드가 고객님 단체를 인솔하도록 할 수 있습니다. :

4   그거 좋겠는데요. :

친절한 영어 : 여행상품 상담하기

서비스 직원은 여행을 계획하는 고객과 상담하는 과정에서 고객이 원하는 여행 유형을 파악하고 그에 적절한 상품을 소개할 수 있어야 합니다.
고객에게 적절한 상품을 추천하거나 제안할 때는 '~은 어떠세요?' '~인 것 같습니다'라고 친절한 영어로 말해보세요.

❖ How about 동사ing : 동사하시는 건 어떠세요?

How about creating a personalized tour? 맞춤형 투어를 만들어보시는 건 어떠세요?
How about taking a half-day tour? 반나절 투어를 해보시면 어떨까요?

❖ It sounds like : ~인 것 같습니다.

It sounds like you need a customized tour. 고객님은 맞춤형 투어가 필요하신 것 같습니다.
It sounds like a half-day tour fits your needs better.
고객님께는 반나절 투어가 잘 맞을 것 같습니다.

다음 빈칸을 채워 친절하게 여행상품을 소개해 보세요.

1. 고객님께는 전일투어가 좋을 것 같습니다.

   It sounds like you need a _____ .

2. 개별투어를 해보시는 것은 어떨까요?

   How about _____ a private tour?

43 모두 오신 것 같네요

Self-CHECK □ 빈칸 채우기 □ 보카학습 □ 패턴학습 □ 말하기

STEP 1

A **All right, it _____ like everyone is here.** 좋아요, 모두 오신 것 같네요.

A **Before we leave, please make sure that you have all of your _____ with you.**
떠나기 전에 소지품을 모두 챙기셨는지 확인하시기 바랍니다.

B **Can I _____ some money before we go?**
가기 전에 환전을 할 수 있을까요?

A **Yes, there is an exchange _____ over there to your right.**
네, 저기 고객님 오른쪽에 환전소가 있습니다.

STEP 2

look (~처럼) 보이다, 생각되다

⇒ **You look tired.** 피곤해 보여요.

⇒ **She looks intelligent.** 그녀는 지적으로 보여.

belonging 소지품

⇒ **personal belongings** 개인 소지품

⇒ **Pack your belongings!** 소지품을 챙기세요!

exchange 환전하다

⇒ **the exchange rate** 환율

⇒ **exchange won for dollars** 원화를 달러로 환전하다

booth 부스, 노점

⇒ **voting booth** 기표소

⇒ **information booth/ticket booth** 안내소/매표소

A **All right**, **it** looks **like everyone is here.** 좋아요, 모두 오신 것 같네요.

It looks like = ~인 것처럼 보여요. ~인 것 같아요.

☞ 일정을 시작하기 전에 인원을 확인하고 안내하는 표현

⇒ **It looks like the shop is closed.** 그 가게는 닫은 것 같아.

⇒ **It looks like the restaurant is full.** 그 식당은 만석인 것 같아.

A **Before we leave, please make sure that you have all of your** belongings **with you.**

떠나기 전에 소지품을 모두 챙기셨는지 확인하시기 바랍니다.

have 명사 with you = 명사를 가지고 있다

☞ 출발 전 놓고 가는 것이 없는지 확인을 당부하는 표현

⇒ **You must have your passport with you at all times.**

항상 여권을 소지하시기 바랍니다.

⇒ **Do you have your key with you?** 키 가지고 있지?

B **Can I** exchange **some money before we go?**

가기 전에 환전을 할 수 있을까요?

exchange money(currency) = 환전하다

⇒ **Can I exchange dollars for Korean won?** 달러를 원화로 환전할 수 있을까요?

⇒ **Can I exchange currencies here?** 여기서 환전할 수 있나요?

A **Yes, there is an exchange** booth **over there to your right.**

네, 저기 고객님 오른쪽에 환전소가 있습니다.

There is 명사 = 명사가 있다

☞ 장소, 위치, 방향을 안내하는 표현

⇒ **There is a smoking lounge around the corner.**

코너를 돌면 흡연실이 있습니다.

⇒ **There is a good restaurant near here.** 좋은 레스토랑이 근처에 있습니다.

1   (~처럼) 보이다 :

2   소지품 :

3   환전하다 :

4   매표소 :

1   모두 오신 것 같네요. :

2   소지품을 모두 챙기셨는지 확인하시기 바랍니다. :

3   여기서 환전을 할 수 있나요? :

4   저기 고객님 오른쪽에 환전소가 있습니다. :

친절한 영어 : 당부하기

패키지를 인솔하는 과정에서는 고객에게 유의하거나 반드시 지켜줄 사항들을 당부해야 할 경우가 많습니다. 중요한 사항을 고객이 잊지 말고 기억해 줄 것을 당부할 때는 '꼭 기억하세요~' 또는 '반드시 ~하시기 바랍니다~!'라고 친절한 영어로 말해보세요.

❖ Please, make sure : 꼭 확인해 주세요.

Please, make sure that you have all of your belongings with you.
소지품을 모두 챙기셨는지 꼭 확인해 주세요.

Please, make sure that you have your passport with you at all times.
항상 여권을 소지하셨는지 꼭 확인해 주세요.

❖ Please, remember : 꼭 기억해 주세요.

Please, remember to stay with me at all times.
항상 저와 함께 하시는 것 꼭 기억해 주세요.

Please, remember to bring an umbrella with you tomorrow.
내일은 우산을 챙기시는 것 꼭 기억해 주세요.

❖ Please, be sure : 반드시 ~하도록 하세요.

Please, be sure to be on time. 반드시 제시간에 와주세요.

Please, be sure to come back in time. 반드시 시간 내에 돌아와 주세요.

다음 빈칸을 채워 문장을 완성해 보세요.

1. 반드시 제시간에 와주세요.

   Please, _____ to be on time.

2. 소지품을 챙기셨는지 확인해 주세요.

   Please, _____ that you have all of your _____ with you.

44 한국은 뉴욕보다 14시간 빠릅니다

Self-CHECK ☐ 빈칸 채우기 ☐ 보카학습 ☐ 패턴학습 ☐ 말하기

STEP 1

A How was your _____? 비행은 어떠셨나요?

B We had a _____ flight all the way. 비행은 내내 순조로웠어요.

B But I have really bad _____. 단지 시차 때문에 많이 피곤하네요.

A I understand. Korea is 14 hours _____ of New York.

네 이해합니다. 한국이 뉴욕보다 14시간 빨라요.

STEP 2

flight   비행, 항공편

⇒ My flight has been cancelled. 항공편이 취소됐어.

⇒ It was a long flight. 긴 비행이었어요.

smooth   순조로운

⇒ a smooth flight/ride 순조로운 비행/주행

⇒ It was a smooth ride. 순조로운 주행이었어.

jet lag   시차로 인한 피로, 시차증

⇒ I had jet lag after the trip. 여행 후 시차로 피곤했어.

⇒ I'm still suffering from jet lag. 아직도 시차증으로 고생하고 있어.

ahead   앞서는

⇒ We're 2 hours ahead. 우리가 두 시간 앞서 있어.

⇒ We're a week ahead of schedule. 우리는 일정보다 1주일 빨라요.

A   **How was your** flight**?** 비행은 어떠셨나요?

How was 명사 = 명사는 어떠셨어요?

☞ 여행을 마치고 온 상대방에게 안부를 묻는 인사 표현

⇒ **How was everything?** 다 괜찮으셨나요?

⇒ **How was your vacation?** 휴가는 어땠니?

B   **We had a** smooth **flight all the way.** 비행은 내내 순조로웠어요.

all the way = 처음부터 끝까지, 내내, 줄곧

☞ 별다른 문제나 어려움이 없었다고 설명하는 표현

⇒ **I ran all the way to school.** 학교까지 내내 뛰었어.

⇒ **Go all the way down.** 아래로 끝까지 내려가세요.

B   **But I have really bad** jet lag**.** 단지 시차 때문에 많이 피곤하네요.

I have 증상 = 증상이 있다

☞ 몸이 아픈 증상을 설명하는 표현

⇒ **I have a sore throat.** 목이 아파요.

⇒ **I have a fever.** 열이 나요.

A   **I understand. Korea is 14 hours** ahead of **New York.**

네 이해합니다. 한국이 뉴욕보다 14시간 빨라요.

I understand = (이해와 동의, 공감) 네, 그러시죠? 이해합니다.

am/are/is ahead of 명사 = 명사보다 앞서 있다

☞ 시간을 비교하여 느리거나 빠른 시차를 설명하는 표현

⇒ **New York is 14 hours behind Seoul.** 뉴욕은 서울보다 14시간 늦어요.

⇒ **We're ahead of schedule.** 일정보다 앞서 있어요.

STEP 4

1   비행 :

2   순조로운 :

3   시차증, 시차로 인한 피로 :

4   앞서는 :

STEP 5

1   비행은 어떠셨나요? :

2   비행은 내내 순조로웠어요. :

3   시차 때문에 많이 피곤하네요. :

4   한국이 뉴욕보다 14시간 빨라요. :

친절한 영어 : 시차 말하기

해외여행을 하는 고객들은 현지와의 시차로 피로감은 물론 여행일정에도 혼동이 있을 수 있습니다. 여행객을 응대할 때는 현지와의 시차와 기후, 화폐 등 다양한 정보를 제공할 수 있어야 합니다.

여행객에게 시차정보를 안내할 때는 '~보다 몇 시간 빠릅니다.' 또는 '몇 시간 느립니다' 라고 올바른 영어표현으로 친절하게 말해보세요.

시차를 설명하는 친절한 영어 표현

❖ ahead of : 전에, 앞서는

Korea is fourteen hours ahead of New York. 한국은 뉴욕보다 14시간 빠릅니다.

❖ behind : ~의 뒤에, ~에 뒤지는

We are only one hour behind Guam. 우리는 괌보다 단 1시간 느려요.

❖ time difference : 시차

There is only one hour of time difference between Korea and Singapore.
한국과 싱가포르의 시차는 단 1시간입니다.
There is no time difference between Korea and Japan.
한국과 일본은 시차가 없습니다.

❖ time zone : 시간대

Korea and Japan are in the same time zone.
한국과 일본은 같은 시간대(타임존)에 있습니다.

45 지금 한국은 봄입니다

Self-CHECK □ 빈칸 채우기 □ 보카학습 □ 패턴학습 □ 말하기

STEP 1

A   How is the _____ in Korea? 한국은 날씨가 어떤가요?

B   It's spring in Korea now, so _____ warm and sunny weather.
한국은 지금 봄이니, 맑고 따스한 날씨를 기대하세요.

B   But it looks a bit _____ tomorrow. 하지만 내일은 바람이 좀 불 것 같아요.

B   You _____ want to take a jacket with you.
재킷을 챙기는 게 좋을 것 같아요.

STEP 2

weather   날씨
⇒ It's good weather for a walk. 산책하기 좋은 날씨네.
⇒ It's nice weather today. 오늘 날씨가 좋네요.

expect   기대하다
⇒ I'll be expecting you. 기다리고 있을게.
⇒ We're expecting some showers tomorrow.
내일은 소나기 예보가 있습니다.

windy   바람이 부는(센)
⇒ It's the windy season. 바람이 많은 계절이에요.
⇒ It is windy today. 오늘은 바람이 세네.

might   ~일지도 모른다, 아마 ~일 것이다
⇒ He told me that he might come. 그는 올지도 모른다고 말했어.
⇒ It might not be the one. 이게 아닐지도 몰라.

A **How is the** weather **in Korea?** 한국은 날씨가 어떤가요?

How is 명사 = 명사는 어떤가요?

☞ 날씨를 묻는 표현

⇒ **How's the weather today?** 오늘 날씨 어때?

⇒ **How is it going?** 어떻게 지내?

B **It's spring in Korea now, so** expect **warm and sunny weather.**

한국은 지금 봄이니, 맑고 따스한 날씨를 기대하세요.

It's 계절/날씨/시간 now = 지금은 계절/날씨/시간이다

☞ 시간, 날씨, 계절 등을 말할 때는 항상 It을 주어로 사용

⇒ **It's spring already.** 벌써 봄이야.

⇒ **Is it nice out there?** 밖에 날씨 좋아?

B **But it looks a bit** windy **tomorrow.**

하지만 내일은 바람이 좀 불 것 같아요.

a bit = 조금, 약간

It looks 형용사 = 형용사처럼 보여요. ~일 것 같아요.

☞ 가능성이 있어 어느 정도 예상되는 상황을 설명하는 표현

⇒ **It looks perfect for an outing.** 나들이 가기 딱 좋을 거 같아요.

⇒ **How does it look?** 어떨 것 같아요?

B **You** might **want to take a jacket with you.**

재킷을 챙기는 게 좋을 것 같아요.

might want to 동사 = 동사를 하는 게 좋을 것 같아요

☞ 상대방에게 ~하도록 권하는 자연스럽고 부드러운 표현

⇒ **You might want to bring an umbrella with you.**

우산을 가져오시는 게 좋을 것 같아요.

⇒ **You might want to wear a coat tomorrow.**

내일은 코트를 입으시는 게 좋을 것 같아요.

1   날씨 :

2   기대하다 :

3   바람이 부는 :

4   아마 ~일 것이다 :

---

1   오늘 날씨 어때? :

2   한국은 지금 겨울입니다. :

3   내일은 바람이 좀 불 것 같아요 :

4   우산을 챙기는 게 좋을 것 같아요. :

친절한 영어 : 날씨 말하기

날씨는 여행일정을 진행하는 데 참고해야 하는 중요한 사항입니다. 여행객에게 현지의 날씨를 설명하고, 적절한 의상이나 우산 등 필요한 물품을 미리 준비하도록 안내하면 고객의 여행 만족도를 높일 수 있습니다.
여행객에게 날씨정보를 안내할 때는 다음과 같이 올바른 영어표현으로 친절하게 말해보세요.

❖ 날씨를 표현할 때는 It's로 시작합니다.
❖ It's ~ today. 오늘 날씨는 ~합니다.
❖ It's going to be ~ tomorrow. 내일 날씨는 ~일 것입니다.

따뜻한 날씨

mild 온화한, 포근한
nice and warm 따스하고 딱 좋은
sunny 화창한
hot 더운
scorching hot 탈 듯이 더운

추운 날씨

chilly 쌀쌀한
crisp 맑고 시원한, 청량한
cold 추운
freezing 아주 추운

눈 오는 날씨

sleeting 진눈깨비가 내리는
snowing 눈 내리는
hailing 우박이 내리는

비 오는 날씨

drizzling 보슬비가 내리는
sprinkling 약한 비가 내리는
pouring 비가 쏟아지는
shower 소나기

흐린 날씨

cloudy 흐린
gloomy 어둑어둑한, 음울한
gray 흐린, 우중충한, 회색빛인
dark 어두운
stormy 폭풍우가 몰아치는

바람이 부는

breezy 산들바람이 부는
windy 바람이 강한
gusty 돌풍이 부는

46 입구에 있는 버스로 오세요

Self-CHECK □ 빈칸 채우기 □ 보카학습 □ 패턴학습 □ 말하기

STEP 1

A **Now, we're going to be here _____ the next two hours.**
이제 여기서 2시간 동안 있을 거예요.

A **You can go _____ and have some time to yourself.**
쇼핑을 가시거나 각자 자신만의 시간을 보내셔도 돼요.

B **What should we do when we're _____?** 다 마치면 어떻게 해야 하나요?

A **You can head to the bus out _____.** 건물 앞에 있는 버스로 가시면 됩니다.

STEP 2

for	~ 동안
	⇒ **We're staying here for 2 weeks.** 우리는 2주간 여기 머물 겁니다.
	⇒ **I've lived here for 5 years.** 5년 동안 여기 살고 있어.
go shopping	쇼핑하러 가다
	⇒ **I went shopping at a mall.** 쇼핑하러 몰에 갔었어.
	⇒ **I went window-shopping.** 윈도쇼핑 갔었어.
done	다 끝난, 마친
	⇒ **Done!** 좋아!/끝!
	⇒ **Are we done here?** 이제 다 끝났나요?
out front	앞에, 건물 입구에
	⇒ **A man out front wants to see you.** 밖에서 누가 널 찾아.
	⇒ **There is a car parked out front.** 밖에 차 한 대가 주차되어 있어.

A **Now, we're going to be here for the next two hours.**

이제 여기서 2시간 동안 있을 거예요.

am/are/is here for 시간 = 시간 동안 여기에 있다(머물다)

☞ '이곳에서 ~동안 있을 것'이라고 일정을 안내하는 표현

⇒ **We'll be here for two more hours.** 두 시간 더 있겠습니다.

⇒ **I'm going to be here for a while.** 한동안 여기 있을 거야.

A **You can go shopping and have some time to yourself.**

쇼핑을 가시거나 각자 자신만의 시간을 보내셔도 돼요.

go 동사ing = 동사하러 가다

☞ 자유시간, 자유일정을 안내하는 표현

⇒ **Let's go camping this weekend.** 이번 주말에 캠핑 가자.

⇒ **We're going skiing tomorrow.** 우리 내일 스키 타러 가.

B **What should we do when we're done?** 다 마치면 어떻게 해야 하나요?

What should we do = 무엇을 해야 하나요?

☞ 무엇을 해야 할지 알려달라고 질문하는 표현으로, should는 '해야 돼'의 의미이나
의무가 아닌 추천이나 권장의 의미로 사용

⇒ **What should we do with this?** 이걸 어떻게 해야 하지?

⇒ **What should we do now?** 이제 뭘 해야 하지?

A **You can head to the bus out front.** 건물 앞에 있는 버스로 가시면 됩니다.

head = 향하다

☞ 자유시간이 끝난 후 만날 장소를 안내하는 표현

⇒ **Head straight to the bus.** 버스로 곧장 가세요.

⇒ **You can head to the bus at the main gate.** 정문에 있는 버스로 가시면 됩니다.

1   동안 :

2   쇼핑하러 가다 :

3   다 마친 :

4   앞에, 건물 입구에 :

1   이제 여기서 2시간 동안 있을 거예요. :

2   쇼핑을 가시거나 각자 시간을 보내셔도 돼요. :

3   다 마치면 어떻게 해야 하나요? :

4   건물 앞에 있는 버스로 가시면 됩니다. :

친절한 영어 : 자유시간 안내하기

패키지 관광 일정 중에 관광명소를 방문하거나 쇼핑센터를 방문하는 경우 인솔자는 고객을 방문 장소까지 안내한 후 자유롭게 관광할 수 있는 자유시간을 제공합니다. 자유시간이 끝난 후에는 다시 모여 다음 일정을 진행합니다.
고객에게 자유시간을 안내할 때는 '이제부터 ~동안 여기서 자유시간입니다'와 같이 친절한 영어로 말해보세요.

❖ We're going to be here for _____시간_____ .
   ~ 동안 여기에 있을 거예요.

❖ We're going to have _____시간_____ of free time here.
   이곳에서 ~동안 자유시간을 갖겠습니다.

❖ You're free here for the next _____시간_____ .
   이제부터 ~동안 여기서 자유시간입니다.

다음 빈칸을 채워 문장을 완성해 보세요.

1. 이제부터 1시간 반 동안 여기에 있을 겁니다.

   We're going to be here for _____

2. 여기서 1시간 동안 자유시간을 갖겠습니다.

   We're going to have _____ of free time here.

3. 이제부터 2시간 동안 자유입니다.

   You're _____ here for the next two hours.

47 사진 촬영해도 되나요

Self-CHECK □ 빈칸 채우기 □ 보카학습 □ 패턴학습 □ 말하기

STEP 1

A **Can I take pictures in the _____?** 박물관에서 사진을 찍어도 되나요?

B **Yes. You are _____ to take pictures for personal use only.**
네. 개인적인 용도의 사진 촬영은 하셔도 됩니다.

B **But flash photography is _____.** 플래시 촬영은 금지입니다.

A **Do you want me to take a picture of you in _____ of them?**
그것들 앞에서 사진 찍어드릴까요?

STEP 2

museum   박물관
> ⇒ **the British Museum** 대영박물관
> ⇒ **an art/memorial museum** 미술관/기념관

allow   허가하다
> ⇒ **Smoking is not allowed here.** 여기서는 금연입니다.
> ⇒ **I'm not allowed out after dark.** 어두워진 후에는 외출금지야.

prohibit   금지하다
> ⇒ **The law prohibits smoking in restaurants.**
>   식당 내 흡연은 법으로 금지됩니다.
> ⇒ **Children are prohibited from bars.** 어린이는 술집에 출입할 수 없습니다.

front   정면, 앞
> ⇒ **The front of the museum is very impressive.**
>   박물관 정면이 정말 멋지다.
> ⇒ **He was lying on his front.** 그는 정면으로 엎드려 있었다.

A **Can I take pictures in the** museum**?** 박물관에서 사진을 찍어도 되나요?

take a picture = 사진을 찍다

☞ 특정장소에서 사진촬영의 허가 여부를 묻는 표현

⇒ **Let's take a picture over here.** 여기서 사진 찍자.

⇒ **Could you take a picture of us?** 사진 좀 찍어주시겠어요?

B **You are** allowed **to take pictures for personal use only.**

개인적인 용도의 사진 촬영은 하셔도 됩니다.

am/are/is allowed to 동사 = 동사해도 된다

☞ 법이나 규정에 의해 허가나 금지되는 사항을 안내하는 표현

⇒ **You are allowed to smoke here.** 여기서는 흡연 가능합니다.

⇒ **You are not allowed to talk during the exam.**

　시험 중에는 대화할 수 없습니다.

B **But flash photography is** prohibited**.** 플래시 촬영은 금지입니다.

am/are/is prohibited = 금지되어 있다, 금하다

☞ 법이나 규정에 의한 금지사항을 안내하는 표현

⇒ **The sale of liquor after 9 p.m. is prohibited.**

　9시 이후 주류의 판매는 금지되어 있습니다.

⇒ **Littering is prohibited.** 무단투기 금지.

A **Do you want me to take a picture of you in** front **of them?**

그것들 앞에서 사진 찍어드릴까요?

Do you want me to 동사 = 제가 동사해 드릴까요?

☞ 사진을 찍어드리겠다고 제안하는 표현, 더 정중하게 would you like me to로 표현
　할 수 있다.

⇒ **Do you want me to help you?** 도와드릴까요?

⇒ **Do you want me to go there with you?** 내가 같이 가줄까?

1   박물관 :

2   허가하다 :

3   금하다 :

4   정면 :

1   박물관에서 사진 찍어도 되나요? :

2   개인적인 용도의 사진 촬영은 하셔도 됩니다. :

3   플래시 촬영은 금지입니다. :

4   사진 찍어드릴까요? :

친절한 영어 : 한국의 박물관 영어로 말하기

외국인 여행객들이 즐겨 찾는 한국의 다양한 명소들을 영어로 말해보세요.

❖ 박물관 museum

- National Museum of Korea 국립중앙박물관
- National Museum of Korean Contemporary History
  대한민국역사박물관
- National Folk Museum of Korea 국립민속박물관
- National Palace Museum of Korea 국립고궁박물관

❖ 미술관 art museum, art gallery

- Seoul Arts Center 예술의 전당
- Seoul Museum of Art 서울시립미술관
- National Museum of Modern and Contemporary Art, Korea
  국립현대미술관

❖ 기타

- National park 국립공원
- Korean Folk Village 한국민속촌
- amusement park 놀이공원/theme park 테마공원
- aquarium 수족관
- arboretum 수목원
- botanical gardens 식물원

참고용어

※ fair, exhibition, exposition, show 모두 박람회 및 전시회를 의미

※ Expo 세계박람회 : 국제박람회기구에서 주관하는 공공 박람회

48 분명 좋아하실 겁니다

Self-CHECK ☐ 빈칸 채우기 ☐ 보카학습 ☐ 패턴학습 ☐ 말하기

STEP 1

A What's that _____ over there? 저기 저 건물은 뭔가요?

B It's called Gyeongbokgung, the main _____ of the Joseon Dynasty.
그것은 조선시대 주요 궁궐인 경복궁입니다.

B You can find many _____ Korean buildings there.
거기서 많은 한국의 전통 건물들을 보실 수 있습니다.

B I'm _____ you'll love the buildings. 분명히 그 건물들을 좋아하실 거예요.

STEP 2

structure   건축물, 건물
⇒ It's a very imposing structure. 정말 멋진 건물이다.
⇒ steel structure 철제 구조물

palace   궁, 궁궐
⇒ The palace was built in 1395. 그 궁은 1395년에 지어졌습니다.
⇒ The palace is open to the public. 그 궁은 공중에게 개방됩니다.

traditional   전통적인
⇒ traditional clothing 전통 의상
⇒ traditional market 전통 시장

sure   확실한
⇒ I'm not sure. 잘 모르겠어.
⇒ Are you sure? 확실해?

A **What's that** structure **over there?** 저기 저 건물은 뭔가요?

What's that 명사 over there= 저기 저 명사 는 뭔가요?

☞ 사물을 가리키며 묻는 표현

⇒ **What's that sign over there?** 저기 저 간판 뭐지?

⇒ **What is this box over here?** 여기 이 상자는 뭐지?

B **It's called Gyeongbokgung, the main** palace **of the Joseon Dynasty.**

그것은 조선시대 주요 궁궐인 경복궁입니다.

It's called 명사 = 그것은 명사 라고 불립니다

☞ '~라는 것입니다'와 같이 이름을 설명하는 표현

⇒ **It's called Hanbok.** 그건 '한복'이라는 거야.

⇒ **I'm not sure what it's called.** 그게 뭔지 확실치 않아.

B **You can find many** traditional **Korean buildings there.**

거기서 많은 한국의 전통 건물들을 보실 수 있습니다.

You can find 명사 = 명사 를 볼 수 있다

☞ ~한 볼거리가 많이 있음을 안내하는 표현

⇒ **You can find all kinds of items.** 온갖 종류의 상품들을 보실 수 있습니다.

⇒ **You can find various shops here.** 다양한 상점들을 보실 수 있습니다.

B **I'm** sure **you'll love the buildings.**

분명히 그 건물들을 좋아하실 거예요.

I'm sure = 꼭 ~하다, ~하는 것은 확실하다

☞ 고객의 기대감을 불러일으킬 때 쓸 수 있는 표현

⇒ **I'm sure you'll enjoy Korean food.** 한국음식을 정말 좋아하실 거예요.

⇒ **I'm sure you'll like it too.** 너도 분명히 좋아할 거야.

1   건물, 건축물 :

2   궁, 궁궐 :

3   전통적인 :

4   확실한 :

1   저기 저 건물은 무엇인가요? :

2   그것은 경복궁이라는 거예요. :

3   많은 한국의 전통 건물들을 보실 수 있습니다. :

4   분명 그 건물들을 좋아하실 거예요. :

친절한 영어 : 한국의 고유명사 설명하기

한국의 명소나 관광지뿐만 아니라 한국 음식이나 전통 등의 고유명사는 외국인들에게 낯설고 발음도 어려워 이해하기 어려울 수 있습니다. 외국인들에게 그 의미를 영어로 전달하는 것도 중요하지만 한국명칭을 그대로 전달하는 것도 큰 의미가 있습니다. 한국의 고유명사를 외국인에게 설명할 때는 그 이름의 정확한 발음과 함께 그 의미까지 쉽게 설명해 보세요.

❖ **It's called** _____ , : 그것은 ~라는 것인데요,

It's called Gyeongbokgung, the main palace of Joseon Dynasty.
그것은 경복궁이라는 건데요, 조선시대의 주요 궁입니다.
It's called Hanguel, the Korean alphabet.
그것은 한글이라는 건데요, 한국의 알파벳입니다.
It's called Hanbok, the Korean traditional clothing.
그것은 한복이라는 건데요, 한국의 전통의상입니다.

❖ **It's known as** _____ , : 그것은 ~라고 알려져 있는데요,

It's known as galbi, the Korean style marinated meat.
그것은 갈비라고 하는데요, 한국식 양념고기입니다.
It's known as bulgogi, the grilled marinated beef with vegetables.
그것은 불고기라고 하는데요, 채소와 함께 구운 양념소고기입니다.

다음을 영어로 설명해 보세요.

1. 비빔밥 :

2. 설악산 :

49 그것은 들고 들어갈 수 없어요

Self-CHECK □ 빈칸 채우기 □ 보카학습 □ 패턴학습 □ 말하기

STEP 1

A **All right, everyone. It's time to _____ in.**
네 여러분, 이제 탑승수속할 시간입니다.

A **Did you put all of your liquid _____ in your checked luggage?**
액체류는 모두 위탁수하물에 넣으셨지요?

B **I have a bottle of lotion in my _____ baggage.**
로션 한 병이 기내수하물 안에 있어요.

A **You can't _____ it onto the plane with you.**
그것은 기내에 반입할 수 없습니다.

STEP 2

check (항공기의 탑승) 수속하다
⇒ **check-in counter** 탑승수속 카운터
⇒ **check-in baggage** 위탁 수하물

item 물품
⇒ **This is a fast-selling item.** 이건 잘 팔리는 품목이야.
⇒ **Sort it item by item.** 항목별로 정리하세요.

carry-on 기내반입용의
⇒ **carry-on baggage** 기내반입 수하물
⇒ **carry-on baggage tag** 기내반입 수하물표

carry 가져가다
⇒ **I carry my wallet in my back pocket.**
나는 지갑을 뒷주머니에 가지고 다녀.
⇒ **I don't carry a lot of cash.** 현금은 많이 안 가지고 가요.

A **All right, everyone. It's time to** check **in.** 네 여러분, 이제 탑승수속할 시간입니다.

It's time to 동사 = 이제 동사할 시간이다

☞ 공항에서 단체 탑승수속을 하기 위해 안내하는 표현

⇒ **Now it's time to say goodbye.** 이제 헤어질 시간이야.

⇒ **It's time to wrap up.** 마무리할 시간입니다.

A **Did you put all of your liquid** items **in your checked luggage?**

액체류는 모두 위탁수하물에 넣으셨지요?

put 명사 in/into 장소명사 = 명사를 장소명사에 넣다

☞ 기내반입이 불가한 물품을 소지하고 있는지 확인하는 표현

⇒ **Did you put it in your bag?** 그거 가방에 넣었니?

⇒ **Please put the money into your wallet.** 돈은 지갑에 넣어주세요.

B **I have a bottle of lotion in my** carry-on **baggage.**

로션 한 병이 기내수하물 안에 있어요.

I have 명사 in 장소명사 = 장소명사 안에 명사가 있다

☞ '가방 안에 ~이 있어요'라고 무엇을 소지하고 있음을 설명

⇒ **I have the key in my bag.** 가방 안에 키가 있어요.

⇒ **I have it in my purse.** 핸드백 안에 있어.

A **You can't** carry **it onto the plane with you.**

그것은 기내에 반입할 수 없습니다.

carry 명사 with you = 명사를 가지고 가다. 소지하다.

☞ 기내에 반입할 수 없는 물품을 설명하는 표현

⇒ **You can't carry any sharp objects on the plane with you.**

날카로운 물품은 기내에 반입할 수 없습니다.

⇒ **You may carry it with you.** 그것은 가지고 가서도 돼요.

1   탑승수속 :

2   물품 :

3   기내반입 수하물 :

4   가져가다 :

1   이제 탑승수속 할 시간입니다. :

2   액체류는 모두 위탁수하물에 넣으셨지요? :

3   로션 한 병이 기내수하물 안에 있어요. :

4   그것은 기내에 반입할 수 없습니다. :

친절한 영어 : 기내반입 제한 물품 설명하기

탑승수속을 하기 전에 고객에게 기내에 반입할 수 없는 물품들을 안내할 때는 '~은 기내에 가지고 들어가실 수 없습니다.'와 같이 친절한 영어로 말해보세요.

❖ You can't carry _____ on the plane with you.

다음은 기내 반입이 제한되는 물품들입니다.

shampoo and conditioner	firecracker
bottled water	box cutter
hair spray	Swiss army knife
butane gas	dumbbell
spray paint	bleach
sparkler	pesticide

각 물품들을 다음의 유형에 맞게 분류해 보세요.

Liquid and gel(over 100ml)	sharp objects
explosives	toxic chemicals
flammable gas, sprays	sporting goods

50 집까지 안전히 돌아가시기 바랍니다

Self-CHECK □ 빈칸 채우기 □ 보카학습 □ 패턴학습 □ 말하기

STEP 1

A **It was a real _____ being able to guide you.**
여러분을 안내할 수 있어서 정말 즐거웠습니다.

B **We all had a _____time here in Korea.**
저희 모두 한국에서 정말 즐거운 시간을 보냈어요.

A **I'm glad to _____ that.** 그러셨다니 다행입니다.

A **I hope you have a _____ trip back home.**
집까지 안전한 여행 되시기를 바랍니다.

STEP 2

pleasure 즐거움
⇒ **It would be my pleasure.** 영광입니다.
⇒ **My pleasure.** 별말씀을요.(제 기쁨입니다.)

great 정말 멋진
⇒ **What a great idea!** 정말 멋진 생각이야!
⇒ **That's great!** 짱이다!

hear 듣다
⇒ **I can't hear you.** 소리가 안 들려요.
⇒ **Do you hear me?** 들리니?

safe 안전한
⇒ **We're safe now.** 이제 안전해.
⇒ **It isn't safe to leave the house after dark.**
어두워진 후에 외출하는 건 안전하지 않아.

A **It was a real** pleasure **being able to guide you.**

여러분을 안내할 수 있어서 정말 즐거웠습니다.

It was a pleasure 동사ing = 동사해서 즐거웠습니다.

☞ 여행을 모두 마치고 즐거움을 표하는 마지막 인사 표현

⇒ **It was a pleasure meeting you.** 만나서 정말 즐거웠습니다.

⇒ **It was a pleasure being with you.** 함께해서 정말 즐거웠습니다.

B **We all had a** great **time here in Korea.**

저희 모두 한국에서 정말 즐거운 시간을 보냈어요.

had a 형용사 time = 형용사한 시간이었습니다.

☞ '정말 즐거웠어요'와 같은 인사표현

⇒ **We had a good time.** 즐거웠어요.

⇒ **Did you have a good time?** 즐거우셨나요?

A **I'm glad to** hear **that.** 그러셨다니 다행입니다.

glad to 동사 = 동사해서 정말 기쁩니다.

☞ '그렇게 말씀해 주시니 감사합니다'와 같은 의미로 사용

⇒ **I'm glad to hear that you made it.** 해냈다니 정말 기쁘다.

⇒ **I'm glad to say this.** 이 소식을 전하게 되어 기쁩니다.

A **I hope you have a** safe **trip back home.**

집까지 안전한 여행 되시기를 바랍니다.

I hope you 동사 = 동사하시기를 바랍니다

☞ 먼 길을 떠나는 상대방에게 전하는 인사 표현

⇒ **I hope you have a nice trip.** 즐거운 여행 되십시오.

⇒ **I hope you have a happy new year.** 새해 복 많이 받으세요.

1   즐거움 :

2   정말 멋진 :

3   듣다 :

4   안전한 :

---

1   여러분을 안내할 수 있어서 정말 즐거웠습니다. :

2   저희 모두 한국에서 정말 즐거운 시간을 보냈어요. :

3   그러셨다니 다행입니다. :

4   집까지 안전한 여행 되시기를 바랍니다. :

친절한 영어 : 작별인사하기

패키지 일정이 모두 끝나고 여행객에게 작별인사를 할 때는 '~해서 기뻤습니다'라고
친절한 영어로 말해보세요.

❖ It was a real pleasure ~ing : ~해서 정말 기뻤습니다.

It was a real pleasure meeting you. 만나서 정말 기뻤습니다.
It was a real pleasure being with you. 함께해서 정말 기뻤습니다.

❖ It was very nice ~ing : ~해서 정말 좋았습니다.

It was very nice meeting you again. 다시 만나서 반가웠습니다.
It was really nice talking with you. 함께 얘기 나눠서 정말 즐거웠습니다.

❖ It was great ~ing : ~해서 정말 기뻤습니다.

It was great seeing you here. 여기서 만나게 되어 정말 기뻤습니다.
It was great knowing you. 당신을 알게 돼서 정말 기뻤습니다.

다음 빈칸을 채워 문장을 완성하세요.

한 학기 동안 함께해서 정말 즐거웠습니다.

1. It was a real pleasure _____ throughout the semester.

2. It was very nice _____ throughout the semester.

3. It was great _____ throughout the semester.

51 이륙 지연에 대해 사과드립니다

Self-CHECK   □ 빈칸 채우기   □ 보카학습   □ 패턴학습   □ 말하기

STEP 1

A   **We are very sorry for the _____.** 지연에 대해 사과드립니다.

A   **The plane will take off _____.** 항공편은 곧 이륙합니다.

B   **It's _____ been an hour.** 이미 한 시간이 지났어요.

B   **I can't miss my _____ flight.** 저 연결항공편을 놓치면 안 돼요.

STEP 2

delay   지연

⇒ **Long delays are predicted.** 장시간 지연이 예견된다.

⇒ **You need to call back without delay.** 지체 없이 바로 전화해야 해.

shortly   곧

⇒ **I'll be back shortly.** 곧 돌아올게요.

⇒ **Your order will be ready shortly.** 주문하신 음식은 곧 나옵니다.

already   이미, 벌써

⇒ **I have already met him.** 그를 이미 만났어.

⇒ **Is it 11 already?** 벌써 11시야?

connecting   연결된

⇒ **Can we have connecting rooms?** 연결 객실을 주실 수 있나요?

⇒ **There's a connecting walkway between the buildings.**
건물 사이에 연결로가 있어요.

A   **We are very sorry for the** delay. 지연에 대해 사과드립니다.

am/are/is sorry for 명사 = 명사에 대해 미안하다

☞ 서비스 지연에 대해 사과하는 정중한 표현

⇒ **I'm sorry for the inconvenience.** 불편을 드려 죄송합니다.

⇒ **I'm sorry for the late reply.** 답변이 늦어 죄송합니다.

A   **The plane will take off** shortly. 항공편은 곧 이륙합니다.

take off = 이륙하다

☞ '비행기가 곧 이륙합니다.'라고 출발 안내를 하는 표현

⇒ **It's finally taking off.** 드디어 출발한다!

⇒ **We are about to take off now.** 이제 이륙하려고 합니다.

B   **It's** already **been an hour.** 이미 한 시간이 지났어요.

It's been 기간 = 기간이 지났어요.

☞ 서비스 지연에 대한 대기시간에 불만을 나타내는 표현

⇒ **It's been two months.** 두 달이 지났어요.

⇒ **It's been 20 minutes.** 20분이 지났어요.

B   **I can't miss my** connecting **flight.** 저 연결항공편을 놓치면 안 돼요.

can't miss 명사 = 명사를 놓치면 안 돼요.

☞ 연결항공편 시간이 촉박하여 걱정하는 상황을 표현

⇒ **I can't miss this.** 이거 놓치면 안 돼.

⇒ **I can't miss the game tonight.** 오늘밤 경기를 놓치면 안 돼.

1 지연 :

2 곧 :

3 이미, 벌써 :

4 연결된 :

1 지연에 대해 사과드립니다. :

2 항공편은 곧 이륙합니다. :

3 벌써 한 시간이나 됐어요. :

4 저 연결항공편을 놓치면 안 돼요. :

친절한 영어 : 정중하게 사과하기

서비스에 대한 불만을 표하는 고객을 친절히 응대하여 불만사항을 만족스럽게 해결할 경우, 고객은 더욱 만족하여 재방문 고객이 될 수 있습니다.
고객의 불평불만을 응대할 때는 다음과 같이 '~하게 되어 정말 죄송합니다'라고 정중한 영어로 말해보세요.

❖ I'm sorry for 명사/동명사

❖ We are very sorry for 명사/동명사

❖ We apologize for 명사/동명사

❖ We would like to apologize for 명사/동명사

• I'm sorry for the delay. 지연에 대해 죄송합니다.
• We are so sorry for the disappointment.
  실망스럽게 해드린 점에 대해 진심으로 죄송합니다.
• We apologize for the inconvenience. 불편을 드린 점에 대해 사과드립니다.
• We would like to apologize again for the inconvenience.
  불편을 드린 점, 다시 한번 사과드립니다.

다음 빈칸을 채워 정중한 사과문장을 완성해 보세요.

1. 실수에 대해 사과드립니다.

2. 불편을 드려 죄송합니다.

52 식당에 핸드백을 놓고 온 것 같아요

Self-CHECK   □ 빈칸 채우기   □ 보카학습   □ 패턴학습   □ 말하기

STEP 1

A   **I think I lost my _____ at the restaurant.**
식당에 핸드백을 두고 온 것 같아요.

B   **Can you _____ it to me?** 그것에 대해 말씀해 주시겠어요?

A   **It's a bright red leather purse and _____ this big.**
밝은 빨간색 가죽백이고 이 정도 크기예요.

B   **I'll call and check with the lost and _____.**
분실물 보관소에 전화해서 확인해 보겠습니다.

STEP 2

purse   (여성용) 핸드백
⇒ **I like this purse!** 이 백 맘에 들어!
⇒ **It's in my purse.** 그거 내 백에 있어.

describe   설명하다, 묘사하다
⇒ **How would you describe yourself?** 자신이 어떤 사람이라 생각하나요?
⇒ **Describe what you saw.** 본 것을 설명해 줘.

about   대략
⇒ **He's about my age.** 그는 나랑 비슷한 나이야.
⇒ **It's about time.** 시간이 거의 되어 간다.

lost and
found   분실물 보관소
⇒ ※(영) a lost property office
⇒ ※(미) a lost and found office (center)

A **I think I lost my** purse **at the restaurant.** 식당에 핸드백을 두고 온 것 같아요.

I lost my 명사 = 명사를 잃어버렸어요.

☞ 놓고 오거나 잃어버린 상황을 설명하는 표현

⇒ **I lost my phone.** 폰을 잃어버렸어.

⇒ **I lost my laptop yesterday.** 어제 노트북을 잃어버렸어.

B **Can you** describe **it to me?** 그것에 대해 말씀해 주시겠어요?

Can you describe 명사 = 명사에 대해 말씀해 주시겠어요?

☞ 모양이나 특징 등을 묘사해 달라고 요청하는 표현

⇒ **Can you describe your symptoms?** 증상을 말씀해 주시겠어요?

⇒ **Can you describe the pain?** 통증을 설명해 주시겠어요?

A **It's a bright red leather purse and** about **this big.**

밝은 빨간색 가죽백이고 이 정도 크기예요.

It's 색상/브랜드/모양 = 색상/브랜드/모양이에요.

☞ 색상이나 브랜드, 재질, 크기, 모양 등을 설명하는 표현

⇒ **It's a Samsung Fold phone.** 삼성 폴드폰이에요.

⇒ **It's dark brown.** 짙은 갈색이에요.

B **I'll call and check with the** lost and found.

분실물 보관소에 전화해서 확인해 보겠습니다.

I'll call and check with 명사 = 명사에 전화해서 확인해 보겠습니다.

☞ 직접 해결할 수 없는 경우, 해당 부서 또는 담당자에게 연락하여 확인하겠다는 표현

⇒ **I'll check with the manager.** 매니저에게 알아보겠습니다.

⇒ **I'll call and check with him.** 그에게 확인해 볼게.

1   핸드백 :

2   설명하다, 묘사하다 :

3   대략 :

4   분실물 보관소 :

1   식당에 핸드백을 두고 온 것 같아요. :

2   그것에 대해 묘사해 주실 수 있나요? :

3   밝은 빨간색 가죽백이고 이 정도 크기예요. :

4   분실물 보관소에 전화해서 확인해 보겠습니다. :

친절한 영어 : 사물 묘사하기

분실물의 모양이나 특징을 구체적으로 알면 되찾는 데 도움이 되므로, 고객에게 분실물의 특징을 파악하여 신속하게 확인할 수 있어야 합니다.

사물의 모양이나 색상, 크기 등의 특징을 설명할 때는 다음과 같이 '그것은 ~'이라고 쉽고 올바른 영어로 말해보세요.

❖ 도형과 비교해서 묘사하기 : It's ___모양, 색상, 크기 등___

It's round. 동그랗습니다.

It's rectangular. 직사각형입니다.

It's triangular. 삼각형입니다.

❖ 사물과 비교해서 묘사하기 : It's shaped like _____명사_____

It's shaped like a star. 별모양으로 생겼어요.

It's shaped like a dome. 돔처럼 생겼어요.

It's shaped like a capital U. 대문자 U처럼 생겼어요.

❖ 크기를 사물과 비교해서 묘사하기 : It's about the size of _____명사_____

It's about the size of my fist. 내 주먹만 한 크기예요.

It's about the size of a notebook. 노트 정도 크기예요.

It's about twice the size of an apple. 사과 두 배 정도의 크기예요.

다음 사물을 영어로 묘사해 보세요.

1. Your phone :

2. Your wallet :

53 길을 잃은 것 같아요

Self-CHECK □ 빈칸 채우기 □ 보카학습 □ 패턴학습 □ 말하기

STEP 1

A Is there ＿＿＿＿＿＿＿ I can help you with? 도와드릴까요?

B I think I'm ＿＿＿＿＿＿＿. 길을 잃은 것 같아요.

B I have no ＿＿＿＿＿＿＿ where I am. 여기가 어디인지 전혀 모르겠어요.

A What are you ＿＿＿＿＿＿＿ for, ma'am? 선생님, 어디를 찾으시나요?

STEP 2

anything   (의문문) 무엇인가, 아무것

⇒ **Anything else?** 또 다른 것이 있나요?

⇒ **Are you allergic to anything?** 알러지 있는 게 있니?

lost   길을 잃은

⇒ **I feel lost.** 나 얼떨떨해. 멘붕이야.

⇒ **I'm feeling lost. What should I do now?** 멘붕이야. 이제 어떻게 해야 하지?

idea   아이디어, 생각

⇒ **That's a good idea.** 그거 좋은 생각이야!

⇒ **You have no idea.** 짐작도 못할 거야.

look   보다, 찾다

⇒ **Look again.** 다시 봐봐.

⇒ **Let me take a look.** 어디 좀 보자.

A   **Is there** anything **I can help you with?** 도와드릴까요?

Is there anything ~ = 아무것이나 ~ 있나요?

☞ 고객이 도움을 요청하기 전에 서비스 직원이 먼저 고객에게 다가가며 도와드릴
것이 있는지 묻는 표현

⇒ **Is there anything you need?** 뭐 필요한 거 있으세요?

⇒ **Is there anything else I can help you with?** 그 밖에 또 도와드릴 게 있을까요?

B   **I think I'm** lost. 길을 잃은 것 같아요.

I'm lost = 길을 잃었어.

☞ 길을 찾지 못해 어디로 가야 할지 모르는 상황을 표현

☞ 꼭 길이 아니어도, 일이나 생각의 방향을 잃거나 어떻게 해야 할지 모르는 상황
에서도 자주 사용된다.

⇒ **I think I'm lost again.** 또 놓친 것 같아. = 이해가 안 돼요.

⇒ **Are you lost?** 길을 잃었나요? = 어디 찾고 계신가요?

B   **I have no** idea **where I am.** 여기가 어디인지 전혀 모르겠어요.

I have no idea = 전혀 모르겠어요.

☞ 여기가 어디인지 어디로 가야 할지 모르는 상황을 표현

⇒ **What should we do next?/I have no idea.**

그 다음은 뭘 해야 하나요?/저도 모르겠어요.

⇒ **What do we do with this?/I have no idea either.**

우리 이걸로 뭘 하는 거죠?/저도 전혀 모르겠네요.

A   **What are you** looking **for, ma'am?** 선생님, 어디를 찾으시나요?

look for = 찾다 ma'am = 여성고객을 부르는 표현

☞ 찾고 계신 곳이 어딘지 파악하여 도와드리겠다는 표현

⇒ **I've been looking for this.** 이거 찾고 있었어.

⇒ **Are you still looking for a job?** 아직 일을 찾고 있니?

1   무엇인가 :

2   길을 잃은 :

3   아이디어, 생각 :

4   보다, 찾다 :

1   뭐 필요한 것이 있으세요? :

2   길을 잃었어요. :

3   여기가 어디인지 전혀 모르겠어요. :

                                                          :

4   어디를 찾으시나요? :

친절한 영어 : not any/no/none

The parking lot is empty. 주차장이 비어 있다.

= There aren't any cars in the parking lot. 주차장에 차가 한 대도 없다.

= There are no cars in the parking lot. 주차장에 차가 없다.

= How many cars are there in the parking lot?

　주차장에 차가 몇 대 있나요?

　None. 한 대도 없습니다.

❖ No 명사 = not any 명사 or not a 명사 : No는 '어떠한 것도 없다' 또는 '없다'라는 의미

　There are no cars in the parking lot. (= there aren't any cars)

　주차장에 차가 없다. (= 차가 한 대도 없다.)

　We have no coffee. (= We don't have any coffee.)

　우리는 커피가 없다. (= 커피가 하나도 없다.)

　It's a nice house, but there's no garage. (There isn't a garage.)

　집은 좋지만 차고가 없다. (= 차고가 없다.)

❖ No 명사

　We have no money. 우리는 돈이 없어.

　Everything was OK. There were no problems. 다 괜찮았어. 문제는 없었어.

❖ None(명사 없이 사용)

　How much money do you have?/None. (= No money)

　돈이 얼마나 있어?/아무것도 없어. (= 돈이 하나도 없어.)

　Were there any problems?/No, none. (= no problems)

　무슨 문제 있었니?/아니, 전혀. (= 문제없었어.)

❖ None/No one : 아무것도, 아무도, 전혀

　None ⇒ How much? How many에 대한 답변에 사용

　How much money do you have?/None. (= No money)

　돈이 얼마나 있니?/전혀. (= 돈이 없어.)

　How many people did you meet?/None. (= No people)

　몇 명이나 만났어?/아무도. (= 아무도 만나지 않았어.)

　No one ⇒ Who?에 대한 답변에 사용

　Who did you meet?/No one 또는 Nobody 누구 만났어?/아무도. (아무도 만나지 않았어.)

54 이거 원래 이런 건가요

Self-CHECK □ 빈칸 채우기 □ 보카학습 □ 패턴학습 □ 말하기

STEP 1

A **Excuse me, but this steak is too _____.**
죄송한데요, 스테이크가 너무 질겨요.

A **Is it supposed to be _____ this?** 이거 원래 이런 건가요?

B **I'm sorry, I'll talk to the _____** 죄송합니다, 주방장에게 얘기해서,
and bring you _____ one. 다른 것으로 갖다드리겠습니다.

STEP 2

tough   질긴
> ⇒ **The meat was tough.** 고기가 질겼어.
> ⇒ **I don't like tough steak.** 질긴 스테이크는 별로야.

like   ~ 같은, ~처럼
> ⇒ **I have a sweater just like that.** 나 저거랑 똑같은 스웨터 있어.
> ⇒ **It's soft like silk.** 실크처럼 부드러워.

chef   셰프, 주방장
> ⇒ **The chef's special.** 셰프 스페셜
> ⇒ **The chef's suggestion.** 주방장 추천 메뉴

another   다른 것
> ⇒ **I'll get you another.** 다른 것으로 드릴게요.
> ⇒ **Can I have another?** 하나 더 주실 수 있나요?

A **Excuse me, but this steak is too** tough. 죄송한데요, 스테이크가 너무 질겨요.

too 형용사 = 너무 형용사해요, 너무 ~해요

☞ 기대와 다른 음식에 대한 불만족을 표현할 때 사용

⇒ **This soup is too salty.** 이 수프는 너무 짜요.

⇒ **This dish is too spicy.** 이 요리는 너무 매워요.

A **Is it supposed to be** like **this?** 이거 원래 이런 건가요?

am/are/is supposed to 동사 = 동사하기로 되어 있다

☞ '원래 ~인 건가요?'의 의미로 이것이 올바른 것인지 묻는 표현으로 불만족을 표현할 때 자주 사용

⇒ **I was supposed to have gone away this week.** 이번 주면 떠났어야 했는데.

⇒ **Is this soup supposed to be cold?** 이 수프가 차가운 게 맞나요?

B **I'm sorry, I'll talk to the** chef

죄송합니다, 주방장에게 얘기해서,

talk to 누구 = 누구에게 상황을 얘기하다

☞ 고객 불평 시 직접 해결이 어려운 경우, 담당자에게 잘못된 점을 얘기하겠다고 정중히 안내하는 표현

⇒ **I'll talk to the manager.** 매니저에게 알리겠습니다.

⇒ **I'll talk to you later.** 나중에 얘기해 줄게.

and bring you another **one.** (다른 것으로 갖다드리겠습니다.)

bring you 명사 = 명사를 갖다드리겠습니다.

☞ 고객의 요청에 따라 하나, 좀, 다른 것, 새것, 좀 더 등을 갖다드리겠다고 응답하는 표현

⇒ **Sure, I'll bring you one right away.** 바로 갖다드리겠습니다.

⇒ **I'll bring you some more.** 그것을 좀 더 갖다드리겠습니다.

1 질긴 :

2 같은 :

3 주방장 :

4 다른 것 :

1 죄송한데요, 스테이크가 너무 질겨요. :

2 이거 원래 이런 건가요? :

3 죄송합니다. 주방장에게 얘기하겠습니다. :

4 다른 것으로 갖다드리겠습니다. :

친절한 영어 : complaint하기 1

서비스 현장에서 고객이 complaint할 때는 다음과 같은 표현을 많이 사용합니다.

❖ It's too _____ 형용사 _____ : 너무 ~해요.

It's too salty. 너무 짜요.

The Wi-Fi is too slow. 와이파이가 너무 느려요.

The room next door is too noisy. 옆방이 너무 시끄러워요.

❖ It's not _____ 형용사 _____ enough. : 충분히 ~하지 않아요.

This iced coffee is not cold enough. 이 아이스커피가 충분히 차갑지 않아요.

The soup is not hot enough. 이 수프가 충분히 뜨겁지 않아요.

The bread is not warm enough. 이 빵이 충분히 따뜻하지 않아요.

❖ Is it supposed to be _____ 형용사 _____ like this? : 원래 ~한 것이 맞나요?

Is it supposed to be cool like this? 원래 이렇게 시원한 건가요?

Is it supposed to be hard like this? 원래 이렇게 딱딱한 건가요?

Is this steak supposed to be stringy like this? 이 스테이크는 원래 이렇게 질긴 건가요?

55 뜨거운 물이 안 나와요

Self-CHECK ☐ 빈칸 채우기 ☐ 보카학습 ☐ 패턴학습 ☐ 말하기

STEP 1

A **Hot water is not coming** _____. 뜨거운 물이 안 나와요.

A **There must be something** _____. 뭔가 잘못된 것 같아요.

B **I'll** _____ **someone to your room, right away.**
고객님 객실로 곧 사람을 보내드리겠습니다.

B **Could you** _____ **me your room number?** 객실번호를 알려주시겠어요?

STEP 2

out 밖으로

⇒ **Keep out.** 출입 금지

⇒ **Let me get out.** 나 좀 나가자.

wrong 잘못된

⇒ **What's wrong with you today?** 너 오늘 왜 그래?

⇒ **You've got the wrong number.** 잘못 거셨습니다.

send 보내다

⇒ **I'll send her an email.** 그녀에게 이메일을 보낼 거야.

⇒ **I sent her flowers for her birthday.** 난 그녀의 생일에 꽃을 보냈어.

tell 말하다

⇒ **Let me tell you this.** 내 얘기 좀 들어봐.

⇒ **Tell him the story.** 그에게 그 얘기 좀 해줘.

A **Hot water is not coming** out. 뜨거운 물이 안 나와요.

is/are not 동사ing = 동사하고 있지 않다

☞ 시설이나 기기 등이 '~이 안 돼요'라고 설명하는 표현

⇒ **The A/C is not working.** 에어컨이 작동이 안 돼요.

⇒ **Cool air is not coming out.** 찬바람이 안 나와요.

A **There must be something** wrong. 뭔가 잘못된 것 같아요.

There must be = 분명히 ~이다. ~일 것이다

☞ 어딘가 문제 또는 잘못된 것이 있을 것이라 추측하는 표현

⇒ **There must be a better way.** 더 좋은 방법이 있을 거야.

⇒ **There must be some mistake.** 틀림없이 실수가 있을 거야.

B **I'll** send **someone to your room, right away.**

고객님 객실로 곧 사람을 보내드리겠습니다.

send 사람 to 장소 = 장소로 사람을 보내다

☞ 도움이 필요한 고객에게 담당직원을 보내드리겠다고 안내하는 표현

⇒ **I'll send a maid up to your room.** 객실정비원을 보내드리겠습니다.

⇒ **Could you send someone to my room?** 객실로 직원을 보내주시겠어요?

B **Could you** tell **me your room number?** 객실번호를 알려주시겠어요?

Could you tell = 말씀해 주시겠어요? 알려주시겠어요?

☞ ~을 알려줄 것을 정중히 요청하는 표현

⇒ **Could you tell me how to get there?** 그곳에 어떻게 가는지 알려주실 수 있나요?

⇒ **Could you tell me your name?** 성함을 알려주시겠습니까?

1   밖으로 :

2   잘못된 :

3   보내다 :

4   말하다 :

1   뜨거운 물이 안 나와요. :

2   뭔가 잘못된 것 같아요. :

3   직원을 바로 보내드리겠습니다. :

4   객실번호를 알려주시겠습니까? :

친절한 영어 : complaint하기 2

호텔 객실 내 시설을 사용하는 데 문제나 어려움이 있는 경우에는 다음과 같은 문장으로 complaint을 시작해 보세요.

❖ I have a problem with _____ .

　~가 잘 안 돼요. (~하는 법을 잘 모르겠어요.)

❖ There must be something wrong with _____ .

　~에 문제가 있는 것 같아요.

❖ _____ is not working.

　~이 작동하지 않아요.

❖ 시설 사용에 어려움이 있을 때

I have a problem with the TV. TV가 잘 안 나와요.

I have a problem with the safe. 금고 사용법을 잘 모르겠어요.

I have a problem with the toilet. 변기가 잘 안 돼요.

❖ 시설에 문제가 있을 때

There must be something wrong with the TV. TV에 뭔가 문제가 있는 것 같아요.

There must be something wrong with the air conditioning.

에어컨에 뭔가 문제가 있는 것 같아요.

There must be something wrong with the lamp. 램프에 뭔가 문제가 있는 것 같아요.

❖ 가전 또는 기기 등이 작동하지 않을 때

The air conditioner is not working properly. 에어컨이 제대로 작동하지 않아요.

The fridge is not working properly. 냉장고가 제대로 작동하지 않아요.

The TV is not working properly. TV가 제대로 작동하지 않아요.

56 에어컨이 작동하지 않아요

Self-CHECK ☐ 빈칸 채우기 ☐ 보카학습 ☐ 패턴학습 ☐ 말하기

STEP 1

A **The air conditioner is not working _____.** 에어컨이 제대로 작동하지 않아요.

B **Could you _____ turning it off and on again?**
   껐다가 다시 켜보시겠어요?

A **_____, I did it twice.** 흠, 두 번이나 해봤어요.

A **But it's not getting _____ cooler. It's too hot in here.**
   그런데 전혀 시원해지지 않아요. 여기 너무 더워요.

STEP 2

properly   제대로, 적절히
   ⇒ **It's still not working properly.** 여전히 제대로 작동하지 않아.
   ⇒ **The fax machine didn't work properly.** 팩스가 제대로 작동하지 않았어.

try   시도하다
   ⇒ **I tried three times.** 세 번을 시도했어.
   ⇒ **Try it again.** 다시 해봐.

well   (할 말을 생각하며) 음, 글쎄요
   ⇒ **Well, I'll see.** 음, 한번 볼게요.
   ⇒ **How do you like it?/Well.** 어때, 괜찮아?/글쎄.

any   (부정문에서) 전혀, 조금도
   ⇒ **I don't have any.** 아무것도 없어.
   ⇒ **We're not going any further.** 더 멀리는 안 갑니다.

A   **The air conditioner is not working** properly. 에어컨이 제대로 작동하지 않아요.

명사 is not working = 명사가 작동하지 않다

☞ 기계나 장비가 고장으로 작동하지 않음을 나타내는 표현

⇒ **This microphone is not working.** 이 마이크가 작동하지 않아요.

⇒ **Is it still not working?** 아직도 작동 안 돼?

B   **Could you** try **turning it off and on again?** 껐다가 다시 켜보시겠어요?

Could you try 동사ing = 동사를 시도해 보시겠어요?

☞ solution을 제공하는 과정에서 고객에게 ~을 해볼 것을 안내하는 표현

⇒ **Could you try moving back and forth?** 앞뒤로 움직여보시겠어요?

⇒ **Could you try opening the lid.** 덮개를 열어보시겠어요?

A   Well, **I did it twice.** 흠, 두 번이나 해봤어요.

I did it = 했어요.

once = 한번, twice = 두 번, three times = 세 번

☞ 상대방의 요청에 대해 시도해 봤음을 설명하는 표현

⇒ **I did it several times.** 여러 번 해봤어요.

⇒ **I did it once or twice.** 한두 번 해봤어요.

A   **But it's not getting** any **cooler.** 그런데 전혀 시원해지지 않아요.

get 형용사(비교급) = 더 형용사(비교급)해지다

☞ '더 ~해지다'의 의미로 변화가 있음을 설명하는 표현

⇒ **It's spring. It's getting hotter.** 봄이구나. 더워지고 있어.

⇒ **Is it getting any warmer?** 따뜻해지나요?

1   제대로, 적절히 :

2   시도하다 :

3   음, 글쎄요. :

4   전혀, 조금도 :

1   에어컨이 제대로 작동하지 않아요. :

2   껐다가 다시 켜보시겠어요? :

3   흠, 두 번이나 해봤어요. :

4   그런데 전혀 시원해지지 않아요. :

친절한 영어 : complaint하기 3

서비스 현장에서 고객이 complaint할 때는 무엇이 문제인지 구체적으로 설명할 수 있어야 합니다. 다음의 다양한 상황에 대해 올바른 영어로 말해보세요.

❖ 호텔 객실관리 관련 고객 complaints

There isn't any soap (towel) in the bathroom. 욕실에 비누/수건이 없어요.

The room smells of smoke. 객실에서 담배 냄새가 나요.

The sink is stopped up (blocked./plugged up.) 세면대가 막혔어요.

I can't turn off the faucet. 수도꼭지가 안 잠겨요.

The toilet won't flush. 변기가 안 내려가요.

The water keeps running in the toilet. 물이 안 멈춰요.

I'm allergic to feather pillows. 전 오리털 침구에 알러지가 있어요.

❖ 호텔 서비스 관련 고객 complaints

The room is too small. 방이 너무 작아요.

This isn't the type of room I reserved. 이건 제가 예약한 객실타입이 아니에요.

This isn't my bill. 이건 제 계산서가 아니에요.

I've been overcharged on my bill. 제 계산서에 요금이 과다 청구되었어요.

A staff member was impolite. 직원 중 한 명이 무례했어요.

❖ 레스토랑 서비스 관련 고객 complaints

The silverware is stained. 식기류에 얼룩이 있어요.

My steak is overcooked. 제 스테이크가 너무 익었어요.

The eggs are undercooked. 계란이 덜 익었어요.

57 계산서가 잘못된 것 같아요

Self-CHECK □ 빈칸 채우기 □ 보카학습 □ 패턴학습 □ 말하기

STEP 1

A **Please look it over to see if everything is _____.**
모두 맞는지 살펴보시겠습니까?

B **I think there is a _____ on my bill.**
제 계산서에 오류가 있는 것 같습니다.

B **I'm _____ I didn't take anything from the minibar.**
확실해요. 미니바에서 아무것도 안 꺼냈어요.

A **I'll _____ that charge from your bill immediately.**
계산서에서 바로 삭제해 드리겠습니다.

STEP 2

correct 올바른
⇒ **Is that the correct spelling?** 스펠링이 정확한가요?
⇒ **That's correct.** 맞습니다.

mistake 착오, 실수
⇒ **We all make mistakes.** 누구나 실수를 합니다.
⇒ **There must be some mistake.** 뭔가 잘못됐어요.

sure 확실한
⇒ **I'm sure I left my key on the table.** 테이블에 열쇠를 두고 온 게 확실해.
⇒ **I'm not really sure.** 확실치 않아.(확신이 없어.)

remove 삭제하다
⇒ **This stain will be removed easily.** 이 얼룩은 쉽게 제거될 거야.
⇒ **Please remove those books from the counter.**
카운터 위에 책들을 치워주세요.

A   **Please look it over to see if everything is** correct. 모두 맞는지 살펴보시겠습니까?

look 명사 over = 명사를 전체적으로 살펴보다

☞ 계산서에 청구사항이 모두 맞는지 살펴봐줄 것을 요청하는 정중한 표현

⇒ **Did you look it over?** 다 살펴봤니?

⇒ **I'll look over the contract.** 계약서를 살펴볼게요.

B   **I think there is a** mistake **on my bill.** 제 계산서에 오류가 있는 것 같습니다.

I think ~ = ~인 것 같습니다.

☞ 딱딱하고 단호한 어투를 피해 부드럽게 표현하는 어투

⇒ **I think I like it.** 이거 괜찮은 것 같아.

⇒ **I think we should go now.** 이제 가는 게 좋을 것 같아.

B   **I'm** sure **I didn't take anything from the minibar.**

확실해요. 미니바에서 아무것도 안 꺼냈어요.

I'm sure = 확실합니다

☞ 어떠한 사실이나 상황에 대한 확신을 표현

⇒ **I'm sure you'll like it.** 분명히 좋아하실 거예요.

⇒ **I'm sure it's for the best.** 분명 그게 최선이야.

A   **I'll** remove **that charge from your bill immediately.**

계산서에서 바로 삭제해 드리겠습니다.

I'll remove = 삭제할게요. 지울게요.

☞ 잘못 청구된 항목을 수정하겠다고 안내하는 표현

⇒ **I'll remove them from your purchase.**

그것들을 구매목록에서 삭제해 드릴게요.

⇒ **I'll remove the price tag.** 가격표는 뗄게요.

1   올바른 :

2   착오, 실수 :

3   확실한 :

4   삭제하다 :

---

1   모두 맞는지 확인하시겠습니까? :

2   제 계산서에 오류가 있는 것 같습니다. :

3   분명히 좋아하실 거예요. :

4   그것은 목록에서 지워드릴게요. :

친절한 영어 : complaint에 응대하기

고객이 컴플레인을 할 경우 정중하게 사과한 후에는 반드시 문제나 오류의 해결을 위한 solution을 제공하고 action을 취합니다. 각 컴플레인의 상황에 따라 다음과 같이 친절한 영어로 말해보세요.

❖ I'll _____ 동사 _____ that for you now.

바로 그것을 ~해드리겠습니다.

❖ I'll _____ 동사 _____ you one (some/another) now.

바로 ~ 해드리겠습니다.

❖ I'll _____ 동사 _____ for you now.

I'll remove that for you now. 바로 지워(삭제해)드리겠습니다.
I'll check that for you now. 바로 확인해 드리겠습니다.
I'll do that for you now. 바로 해드리겠습니다.

❖ I'll _____ get/bring _____ you one. (셀 수 있는 명사)

I don't have a fork./I'll get you one now. 포크가 없어요./바로 갖다드릴게요.
This for is dirty./I'll get you another. 포크가 더럽네요./다른 것으로 드리겠습니다.

❖ I'll _____ get/bring _____ you some. (셀 수 없는 명사)

I'd like some bread./I'll get you some. 빵 좀 주세요./금방 드릴게요.
There isn't any coffee left./I'll get you some more.
커피가 다 떨어졌어요./더 드릴게요.

58 고객님 카드가 승인 거절되었습니다

Self-CHECK ☐ 빈칸 채우기 ☐ 보카학습 ☐ 패턴학습 ☐ 말하기

STEP 1

A **I'm sorry, but your credit card was _____.**

죄송합니다만, 고객님 신용카드가 승인 거절되었습니다.

B **Could you try _____?** 다시 시도해 주실 수 있나요?

A **It's still not going _____.** 여전히 처리되지 않고 있어요.

B **I'll just pay _____, then.** 그냥 현금으로 계산할게요.

STEP 2

decline 거절하다

⇒ **He declined my offer.** 그가 내 제안을 거절했어요.

⇒ **He declined the job offer.** 그는 입사제안을 거절했어.

again 다시, 다시 한번

⇒ **She's late again.** 그녀는 또 지각이야.

⇒ **Throw it away and start again.** 그건 버리고 다시 시작해 보세요.

through ~을 통과하다, 승인되다

⇒ **Are you through with it?** 그거 다 마쳤니?

⇒ **We drove through the tunnel.** 우린 터널을 통과해 지나갔다.

cash 현금

⇒ **Do you have any cash on you?** 지금 현금 가진 것 좀 있니?

⇒ **I don't have any cash.** 현금이 없어요.

STEP 3

A **I'm sorry, but your credit card was declined.**

죄송합니다만, 고객님 신용카드가 승인 거절되었습니다.

I'm sorry but = 죄송합니다만,

☞ '실례합니다만' '죄송합니다만'의 의미로, 고객에게 긍정적인 답변이나 응대를 할 수 없는 경우 고객의 충격을 완화해 주는 역할을 하는 쿠션용어

⇒ **I'm sorry but we're fully booked.** 죄송합니다만, 예약이 꽉 찼습니다.

⇒ **I'm sorry but he's not available.** 죄송합니다만, 그는 지금 자리에 안 계십니다.

B **Could you try again?** 다시 시도해 주실 수 있나요?

Could you 동사 again = 한 번 더 동사해 주실 수 있나요?

☞ 다시 한번 ~을 해줄 것을 정중히 요청하는 표현

⇒ **Could you say that again?** 다시 한번 말씀해 주시겠어요?

⇒ **Could you spell your name again?** 성함을 다시 한번 스펠해 주시겠어요?

A **It's still not going through.** 여전히 처리되지 않고 있어요.

go through = 통과하다, (공식적으로) 승인되다

☞ 카드가 승인되지 않고 decline 상태임을 설명하는 표현

⇒ **The new proposal won't go through.** 그 제안서는 승인되지 않을 거야.

⇒ **Did it go through?** 그거 통과됐니?

B **I'll just pay cash, then.** 그럼 그냥 현금으로 계산할게요.

then = 그렇다면, 그 경우에는

☞ 상황이(또는 사정이) 그렇다면 '그냥 ~할게요'라고 다른 방안을 제시하는 표현

⇒ **I'll just wait, then.** 그럼 그냥 기다릴게요.

⇒ **I'll call you back, then.** 그럼 내가 다시 전화할게.

1   거절 :

2   다시, 다시 한번 :

3   ~을 통과하다 :

4   현금 :

---

1   죄송합니다만, 고객님 신용카드가 승인 거절되었습니다. :

2   다시 시도해 주실 수 있나요? :

3   여전히 처리되지 않고 있어요. :

4   그럼 그냥 현금으로 계산할게요. :

친절한 영어 : 결제(payment)와 관련된 영어 표현

한국에서는 '체크카드'를 많이 사용합니다. 얼핏 보면 영어단어 같지만 원어민은 체크카드라는 표현을 사용하지 않습니다. 결제할 때는 다음과 같이 올바른 표현을 사용하여 말해보세요.

❖ I'd like to pay with(by) my ____카드타입____ card?

credit card 신용카드

debit card 체크카드

corporate card (company card, com card) 법인카드

※ 카드 앞에는 전치사 with 또는 by와 함께 사용

❖ I'll pay in cash.

※ 현금 앞에는 전치사 in과 함께 사용

❖ Do you accept _____?

Do you accept credit cards? 신용카드 받으세요?

Do you take credit cards? 신용카드 받으세요?

We accept all major credit cards. 주요 신용카드는 다 받습니다.

❖ Do you have a rewards card?

※ rewards card 적립카드, 포인트 카드 또는 회원카드

Do you have a loyalty card? 회원카드 있으세요?

Would you like to sign up for the rewards card? 적립카드(회원) 가입하시겠어요?

❖ 카드 관련 표현

declined 승인 거절된

expired 유효기간이 만료된

valid 유효한 (valid thru ~ : ~까지 유효한)

59 준비되면 알려드릴게요

Self-CHECK ☐ 빈칸 채우기 ☐ 보카학습 ☐ 패턴학습 ☐ 말하기

STEP 1

A **Could you _____ my car, please?** 제 차를 가져다주시겠어요?

A **The _____ number is 2534.** 차량번호는 2534번입니다.

B **Of course, ma'am. Please have a _____ in the lobby.**
물론입니다, 사모님. 로비에 앉아서 기다려주세요.

B **I'll let you know when it's _____.** 준비되면 알려드리겠습니다.

STEP 2

get ~을 가져다주다
⇒ **I'll get it for you.** 그것을 가져다드릴게요.
⇒ **Go (and) get your book.** 가서 책을 가져와.

plate 판, 번호판
⇒ **license plate** 차량 번호판
⇒ **dinner plate** 큰 접시, 정찬용 접시

seat 좌석
⇒ **a window/aisle seat** 비행기의 창가/통로 좌석
⇒ **a driver's/passenger/front/rear seat** 자동차의 운전석/조수석/앞좌석/뒷좌석

ready 준비된
⇒ **Dinner is ready.** 저녁이 준비되어 있어요.
⇒ **I'm ready when you are.** 너 준비되면 나도 준비됐어.

A **Could you get my car, please?** 제 차를 가져다주시겠어요?

　get 명사 = 명사를 가져다주다

☞ 발렛 주차한 차를 되찾기 위해 요청하는 표현

⇒ **I'll get your car shortly.** 금방 차를 가져다드리겠습니다.

⇒ **Could you get some new towels for us?** 새 수건을 좀 가져다주시겠어요?

A **The plate number is 2534.** 차량번호는 2534번입니다.

　The number is 숫자 = 번호는 숫자입니다.

☞ 전화번호, 빌딩번호, 사무실 번호 등을 안내하는 표현

⇒ **The room number is 2519.** 객실 2519호입니다.

⇒ **The building number is 6B.** 건물번호는 6B입니다.

B **Of course, ma'am. Please have a seat in the lobby.**

　물론입니다, 사모님. 로비에 앉아서 기다려주세요.

　have a seat = 앉다

☞ 앉아서 기다리실 것을 제안하는 친절한 표현

☞ take a seat, sit down도 '앉다' 의미로 사용 가능

⇒ **How about taking a seat over there?** 저기 앉아 계시면 어떨까요?

⇒ **Would you like to have a seat?** 앉으시겠어요?

B **I'll let you know when it's ready.** 준비되면 알려드리겠습니다.

　I'll let you know = 알려드릴게요.

　when ~ = ~하면

☞ 고객에게 잠시 준비되는 동안 기다려주실 것을 요청하면서 준비되면 알려드리겠
　　다고 안내하는 친절한 표현

⇒ **I'll let you know before I leave.** 떠나기 전에 알려줄게요.

⇒ **I'll let you know when he comes.** 그분이 오시면 알려드릴게요.

1   ~을 가져다주다 :

2   번호판 :

3   자리, 좌석 :

4   준비된 :

1   제 차를 갖다주시겠어요? :

2   차량번호는 2534번입니다. :

3   로비에 앉아 계십시오. :

4   준비되면 알려드리겠습니다. :

친절한 영어 : 숫자 말하기

고객과의 대화에서 많은 정보들은 시간, 날짜, 전화번호, 금액과 같이 숫자로 표현됩니다. 숫자를 말할 때 다음과 같이 자연스럽게 영어로 말해보세요.

❖ 하나씩 또박또박 말하기

82-10-7109-2534 : eight two, one zero(O), seven one zero nine, two five three four

2534 : two thousand five hundred thirty four

❖ 두 자리로 끊어서 말하기(뒤에서부터 두 자리로 끊어 읽기)

2 two

25 twenty five

253 2/53 → two fifty three

2534 25/34 → twenty five thirty four

❖ 세 자리로 끊어서 말하기(comma(,) 단위로 끊어 읽기)

1,000 one thousand

1,000,000 one million

1,000,000,000 one billion

1,000,000,000,000 one trillion

다음 숫자를 읽어보세요.

• 객실번호 2519 :

• 연도 2025 :

• 금액 $250 :

• 전화번호 82-10-7109-2534 :

친절한 관광 서비스 영어

Answer

정답

친절한 관광 서비스 영어

정답

01 **How may I** help **you?**

STEP 4

1. help
2. see
3. appointment
4. moment

STEP 5

1. How may I help you?
2. I'm here to pick up my order.
3. I have an appointment at 3 o'clock.
4. He will be with you shortly.

02 **Iced coffee would be** good.

STEP 4

1. like
2. would
3. good
4. here

STEP 5

1. I'd like some coffee, please./I'd like a cup of coffee, please.
2. Would you like hot or iced coffee?
3. Iced coffee would be good.
4. Here you are.

03 **Please tell him P.J.** called.

STEP 4

1. speak
2. available
3. leave
4. call

STEP 5

1. I'm afraid.
2. He's not available at the moment.
3. Would you like to leave a message?
4. Please tell him to call me back.

04 Would you like me to call a cab for you?

STEP 4

1. miss
2. cab
3. time
4. flight

STEP 5

1. I just missed the bus to the airport.
2. Would you like me to call a cab for you?
3. What time is your flight?
4. It's a 5 o'clock flight.

STEP 6

1. Would you like me to make a booking for you?
2. Would you like me to change your room?

05 Is there anything else you'd like?

STEP 4

1. else
2. change
3. how
4. rest

STEP 5

1. Is there anything else I can help you with?
2. I was wondering if you could change a hundred-dollar bill?
3. How would you like it?
4. I'd like 4 twenties and the rest in singles.

STEP 6

1. Is there anything else you would like know about?
2. Is there anything else I can help you with, ma'am? 또는
   Is there anything else I can do for you?

06 You may just walk in.

STEP 4

1. reservation
2. visit
3. tonight
4. just

STEP 5

1. Do I have to make a reservation?
2. May I ask your name?
3. I'll call you tonight at 7.
4. You can just call me.

STEP 6

1. May I ask when the meeting starts?
2. May I ask where the restroom is?

07 Please, stay on the line.

STEP 4

1. schedule
2. connect
3. stay
4. answer

STEP 5

1. I'd like to change my flight schedule.
2. Let me connect you to Reservations.
3. Please, stay on the line.
4. I'm sorry for taking so long to answer your call.

08 **May I** have **your** contact **number?**

1. reservation
2. spell
3. have
4. contact

1. I'd like to make a reservation for tomorrow.
2. Could you spell your last name, sir?
3. It's 010-7109-2534.
4. May I have your contact number, sir?

1. May I have your name, please, sir?
2. Can(Could) I have your contact number?

09 **It's on the** first **floor.**

1. convenience
2. first
3. across
4. appreciate

1. Are you looking for this?
2. The convenience store is on the third floor.
3. Go across the street.
4. Thank you. I appreciate that.

10 You should try P.J.'s restaurant.

STEP 4

1. recommend
2. should
3. there
4. walk

STEP 5

1. Could you recommend some wine for us?
2. You should definitely go there.
3. It's a 5-minute walk.
4. How is the food there?

11. I'd like to book a round-trip ticket.

STEP 4

1. round-trip ticket
2. travel
3. return
4. moment

STEP 5

1. I'd like to book a round-trip ticket from Seoul to New York.
2. When would you like to travel?
3. I'd like to leave on February 15th and return on February 21st.
4. One moment, I'll check for you.

12 I prefer a window seat.

STEP 4

1. aisle
2. prefer
3. mind
4. set

STEP 5

1. Would you like a window seat or an aisle seat?
2. I prefer an aisle seat.
3. But I don't mind a window seat, either.
4. Alright. You're all set.

13 Do you have any baggage to check?

STEP 4

1. passport
2. baggage
3. suitcase
4. put

STEP 5

1. May I see your passport, please?
2. Do you have any baggage to check?
3. Yes, I have two suitcases.
4. Would you please put them on the scale?

14 Please step back and try again.

STEP 4

1. step
2. pocket
3. take off
4. why

STEP 5

1. Please step back and try again.
2. I have nothing in my pocket.
3. You have to take off your shoes, too.
4. Oh, that's why!

15 May I see your boarding pass, please?

STEP 4

1. pass
2. here
3. belongings
4. overhead bin

STEP 5

1. May I see your boarding pass, please?
2. Yes, here you are.
3. May I help you with your belongings?
4. Can I put it in the overhead bin?

16 Please be careful. It's very hot.

STEP 4

1. beef
2. some
3. tray
4. careful

STEP 5

1. What would you like, beef or fish?
2. I'll have beef, and some apple juice, please.
3. Would you mind opening your tray table?
4. Please be careful. It's very hot.

17 What's the purpose of your visit?

STEP 4

1. visit
2. vacation
3. stay
4. couple

1. What's the purpose of your visit?
2. I'm here on vacation.
3. How long are you going to stay?
4. I'm staying here for a couple of weeks.

18 Anything to declare?

STEP 4

1. declare
2. nothing
3. receipt
4. duty-free

STEP 5

1. Anything to declare?
2. No, I have nothing to declare.
3. Do you have the receipt for this bag?
4. Here it is. I bought it at a duty-free shop.

STEP 6

1. I don't have anything in my bag.
2. I have nothing to do.

19 May I have your attention please.

STEP 4

1. attention
2. call
3. bound for
4. remaining

STEP 5

1. May I have your attention, please.
2. This will be the final call for P.J. Airlines flight 202 bound for Seattle.
3. May we kindly request all remaining passengers.
4. To board the aircraft at this time.

20 Return your seat back to the upright position.

STEP 4

1. land
2. fastened
3. return
4. upright

STEP 5

1. Now we're about to land.
2. Please make sure that your seatbelt is fastened.
3. Return your seat back to the upright position.
4. Thank you for flying with us.

21 I think I'll take it.

STEP 4

1. available
2. left
3. per
4. rate

STEP 5

1. Do you have any rooms available for this weekend?
2. We only have one double room left.
3. I'll take it.
4. It's $250 per night, including tax and service charges.

STEP 6

1. I'd like a _____ 객실 유형 _____ .

2. Do you have any _____ 객실 유형 _____ ?

22 I'd like a room, please.

STEP 4

1. room
2. vacancy
3. Oh, no way!
4. fully booked

STEP 5

1. I'd like a room, please.
2. We have no vacancy.
3. Oh, no way!
4. I'm sorry, we're fully booked this weekend.

STEP 6

1. I'm sorry but we're fully booked on Tuesday.
2. I'm sorry but he's not available at this moment.

23 How long will you be staying with us?

STEP 4

1. arrive
2. how long
3. what day
4. stay

STEP 5

1. What date will you be arriving?
2. On August 10th.
3. How long will you be staying with us?
4. I'll be staying for three nights.

STEP 6

1. It's (오늘의 날짜)
2. It's the first of September.

24 **Please watch out for the** revolving **door.**

1. unload
2. register
3. reception
4. revolving door

1. Let me unload your bags.
2. Where do I register?
3. The reception is over there to your left.
4. Please watch out for the revolving door.

1. Let me show you to your room.
2. Let me help you with that.

25 **I'd like to** check in, **please.**

1. check in
2. reservation
3. voucher
4. put into

1. I'd like to check in, please.
2. Do you have a reservation?
3. Here's the voucher.
4. Let me put it into the computer.

26 I'm checking out.

STEP 4

1. check out
2. kindness
3. stay
4. bill

STEP 5

1. I'm checking out.
2. How was your stay with us?
3. Thank you for your kindness.
4. Glad to hear that!
5. I'll get your bill now.

STEP 6

1. How was your summer vacation?
2. How was your trip to Korea?

27 Can I leave my bags at the hotel?

STEP 4

1. leave
2. store
3. suitcase
4. tag

STEP 5

1. Can I leave my bags at the hotel?
2. Let me store them in the checkroom.
3. These two suitcases, please.
4. Please keep this baggage claim tag.

28 I'd like to have this dress pressed.

STEP 4

1. laundry
2. press
3. back
4. deliver

STEP 5

1. I'm here to pick up your laundry.
2. I'd like to have this dress pressed.
3. When can I have it back?
4. It will be delivered by noon tomorrow.

29 Where can I change into my workout clothes?

STEP 4

1. change
2. workout
3. dressing room
4. sauna

STEP 5

1. Where can I change into my workout clothes?
2. The men's dressing room is over there to the right.
3. Can I take a shower in there, too?
4. You may also use our sauna.

30 I want to get some room service, please.

STEP 4

1. room service
2. order
3. platter
4. fries

STEP 5

1. I want to get some room service, please.
2. What would you like to order?
3. I want the platter and some fries too.
4. How about something to drink?

31 What time do you serve dinner?

STEP 4

1. open
2. except
3. Mondays
4. serve

STEP 5

1. What days do you open?
2. We open every day except Mondays.
3. What time do you serve dinner?
4. We serve dinner from 7 to 10 p.m.

32 Let me show you to your table.

STEP 4

1. have
2. party
3. us
4. show

STEP 5

1. Hi, I don't have a reservation, but do you have a table?
2. How many are there in your party?
3. There are four of us, please.
4. Let me show you to your table. This way, please.

33 **Are you** ready **to** order **now?**

STEP 4

1. ready
2. order
3. filet
4. rare

STEP 5

1. Are you ready to order now?
2. Let me have the filet steak, please.
3. How would you like your steak?
4. Medium rare would be fine.

STEP 6

1. Are you ready to <u>place</u> an order now?
2. Would you like to <u>order</u> now?
3. May I <u>take</u> your order now?

34 **Can I get a** refill**?**

STEP 4

1. refill
2. ice
3. soda
4. instead

STEP 5

1. Can I get a refill?
2. Was that iced tea?
3. Yes, but can I have soda instead?
4. Of course. No problem.

35 Can we have the check, please?

STEP 4

1. check
2. pay
3. credit
4. accept

STEP 5

1. Can we have the check, please?
2. I'll get it ready right away.
3. How would you like to pay?
4. Do you accept American Express?

36 What can I get you today?

STEP 4

1. get
2. draft
3. what about
4. bottled

STEP 5

1. What can I get you today?
2. I'll have a large draft beer. What about you, P.J.?
3. Could I have a bottled beer, San Miguel?
4. You got it. Right away.

STEP 6

1. Can I have a beer, please?/Yes, would you like <u>draught</u> or <u>bottled</u>?
2. Can I have two whiskies, please?/Yes, would you like <u>large</u> or <u>small</u>?

37 This will do.

STEP 4

1. drink
2. mineral water
3. else
4. appreciate

STEP 5

1. Would you like something to drink?
2. A whisky and soda, and a mineral water, please.
3. Here you go. Anything else you need?
4. This will do. Appreciate it.

38 Enjoy it.

STEP 4

1. cocktail
2. rock
3. enjoy
4. tab

STEP 5

1. I think I'll have a cocktail, please.
2. And whiskey on the rocks for me, please.
3. Here's your drink. Enjoy it.
4. Can I have the tab? It's on me, today.

39 Would you like me to charge it to your room account?

STEP 4

1. check
2. account
3. charge
4. signature

STEP 5

1. I'm leaving now. Can I have the check, please?
2. Would you like me to charge it to your room account?
3. No, I'll pay now with my Visa. Here.
4. Can I have your signature here, please?

40 How do you make a margarita?

STEP 4

1. make
2. pour
3. then
4. slice

STEP 5

1. How do you make a cupcake?
2. Just pour in some tequila and triple sec.
3. Shake well and pour glass.
4. Garnish with a slice of lime. That's it!

41 I'm interested in going on a tour of Seoul.

STEP 4

1. tour
2. half-day
3. explain
4. attraction

STEP 5

1. I'm interested in going on a tour of Seoul.
2. Would you prefer a half-day tour or a full-day tour?
3. Can you explain where the full-day tour goes?
4. The half-day tour focuses on the main attractions in the Seoul area.

42 **That** sounds **good.**

STEP 4

1. customized
2. own
3. lead
4. sound

STEP 5

1. How about creating a customized tour?
2. You can design your own trip.
3. We can have a guide lead your group.
4. That sounds good!

STEP 6

1. It sounds like you need a <u>full-day tour</u>.
2. How about <u>creating</u> a private tour?

43 **It** looks **like everyone is here.**

STEP 4

1. look
2. belongings
3. exchange
4. booth

STEP 5

1. It looks like everyone is here.
2. Please make sure that you have all of your belongings with you.
3. Can I exchange currencies here?
4. There is an exchange booth over there to your right.

STEP 6

1. Please, <u>be sure</u> to be on time.
2. Please, <u>make sure</u> that you have all of your <u>belongings</u> with you.

44 Korea is 14 hours ahead of New York.

STEP 4

1. flight
2. smooth
3. jet lag
4. ahead

STEP 5

1. How was your flight?
2. We had a smooth flight all the way.
3. But I have really bad jet lag.
4. Korea is 14 hours ahead of New York.

45 It's spring in Korea now.

STEP 4

1. weather
2. expect
3. windy
4. might

STEP 5

1. How's the weather today?
2. It's winter in Korea now.
3. It looks a bit windy tomorrow.
4. You might want to take an umbrella with you.

46 You can head to the bus out front.

STEP 4

1. for
2. go shopping
3. done
4. out front

1. Now, we're going to be here for the next two hours.
2. You can go shopping and have some time to yourself.
3. What should we do when we're done?
4. You can head to the bus out front.

STEP 6

1. We're going to be here for <u>an hour and a half</u>.
2. We're going to have <u>one hour</u> of free time here.
3. You're <u>free</u> here for the next two hours.

47 Can I take pictures in the museum?

STEP 4

1. museum
2. allow
3. prohibit
4. front

STEP 5

1. Can I take pictures in the museum?
2. You are allowed to take pictures for personal use only.
3. But flash photography is prohibited.
4. Do you want me to take a picture of you?

48 I'm sure you'll love the buildings.

STEP 4

1. structure
2. palace
3. traditional
4. sure

1. What's that structure over there?
2. It's called Gyeongbokgung.
3. You can find many traditional Korean buildings.
4. I'm sure you'll love the buildings.

STEP 6

1. It's called Bibimbap, a Korean mixed rice dish with various vegetables and meat.
2. It's called Seoraksan, a famous mountain in South Korea known for its beautiful scenery and hiking trails.

49 You can't carry it onto the plane with you.

STEP 4

1. check-in
2. item
3. carry-on baggage
4. carry

STEP 5

1. It's time to check in.
2. Did you put all of your liquid items in your checked luggage?
3. I have a bottle of lotion in my carry-on baggage.
4. You can't carry it onto the plane with you.

STEP 6

Liquid and gel(over 100ml)	*sharp objects*
shampoos and conditioner	box cutter
bottled water, hair spray	Swiss army knife
explosives	*toxic chemicals*
firecracker, sparkler	bleach, pesticide
flammable gas, sprays	*sporting goods*
butane gas, spray paint	dumbbell

50 **I hope you have a** safe **trip back home.**

STEP 4

1. pleasure
2. great
3. hear
4. safe

STEP 5

1. It was a real pleasure being able to guide you.
2. We all had a great time here in Korea.
3. I'm glad to hear that.
4. I hope you have a safe trip back home.

STEP 6

1. It was a real pleasure <u>being with you</u> throughout the semester.
2. It was very nice <u>meeting you</u> throughout the semester.
3. It was great <u>getting to know you</u> throughout the semester.

51 **We are very sorry for the** delay**.**

STEP 4

1. delay
2. shortly
3. already
4. connecting

STEP 5

1. We are very sorry for the delay.
2. The plane will take off shortly.
3. It's already been an hour.
4. I can't miss my connecting flight.

STEP 6

1. We are very sorry for the mistake. 또는 I'm sorry for the mistake.
2. We apologize for the inconvenience. 또는 I'm sorry for the inconvenience.

52 I think I lost my purse at the restaurant.

STEP 4

1. purse
2. describe
3. about
4. lost and found

STEP 5

1. I think I lost my purse at the restaurant.
2. Can you describe it to me?
3. It's a bright red leather purse and about this big.
4. I'll call and check with the lost and found.

STEP 6

1. It's a black smartphone, about the size of my hand.
2. It's a brown leather wallet, rectangular in shape, about the size of a small notebook.

53 I think I'm lost.

STEP 4

1. anything
2. lost
3. idea
4. look

STEP 5

1. Is there anything I can help you with?
2. I think I'm lost.
3. I have no idea where I am.
4. What are you looking for, ma'am?

54 Is it supposed to be like this?

STEP 4

1. tough
2. like
3. chef
4. another

STEP 5

1. Excuse me, but this steak is too tough.
2. Is it supposed to be like this?
3. I'm sorry, I'll talk to the chef.
4. And bring you another one.

55 Hot water is not coming out.

STEP 4

1. out
2. wrong
3. send
4. tell

STEP 5

1. Hot water is not coming out.
2. There must be something wrong.
3. I'll send someone to your room, right away.
4. Could you tell me your room number?

56 The air conditioner is not working properly.

STEP 4

1. properly
2. try
3. well
4. any

1. The air conditioner is not working properly.
2. Could you try turning it off and on again?
3. Well, I did it twice.
4. But it's not getting any cooler.

57 I think there is a mistake on my bill.

STEP 4

1. correct
2. mistake
3. sure
4. remove

STEP 5

1. Please look it over to see if everything is correct.
2. I think there is a mistake on my bill.
3. I'm sure you'll like it.
4. I'll remove that from your list.

58 Your credit card was declined.

STEP 4

1. decline
2. again
3. through
4. cash

STEP 5

1. I'm sorry, but your credit card was declined.
2. Could you try again?
3. It's still not going through.
4. I'll just pay cash, then.

59 I'll let you know when it's ready.

1. get
2. plate
3. seat
4. ready

1. Could you get my car, please?
2. The plate number is 2534.
3. Please have a seat.
4. I'll let you know when it's ready.

1. Twenty-five nineteen
2. Twenty twenty-five
3. Two hundred fifty dollars
4. Eight two, one zero, seventy-one zero nine, twenty-five thirty-four

참고문헌

[국외문헌]

『At your service – English for the travel and Tourist Industry』, Trish Stott & Angela Buckingham, Oxford University Press, 2009

『Basic Grammar in use』, Raymond Murphy, Cambridge University Press, 2017

『Highly Recommended 2 – English for the hotel and catering industry Pre-intermediate』, Trish Stott & Alison Pohl, Oxford University Press, 2010

『English Vocabulary in Use – Pre-Intermediate and Intermediate』, Fourth Edition, Stuart Redman, Cambridge University Press, 2017

『Vocabulary Power 2 - Practicing Essential Words』, Kate Dingle & Jennifer R. Levedev, Pearson Longman, 2007

[국내문헌]

『Airline Service and Travel English』, 김영미 & 손기표, 다락원, 2016

『English for Hospitality and Tourism』, 조인환 · 심성우 · 김지회, 백산출판사, 2010

『Essential English for Cabin Crew』, 왕수명 · 박연미 · Richard Whitten, 동양북스, 2016

『Real English for Hotel staff – 기본편』, Michael A., Putlack · 김진숙 · 다락원 ESP 연구소, 다락원, 2016

『Real English for Hotel staff – 실무편』, 노선희, 다락원, 2016

『Real English for Tour Guides – 기본편』, Michael A., Putlack · 김진숙 · 다락원 ESP 연구소, 다락원, 2016

『EBS왕초보영어』, EBS미디어 기획 & 마스터유진, 서울문화사, 2019

Cambridge English Dictionary(https://dictionary.cambridge.org/us/dictionary/)

Daum 영어사전(https://dic.daum.net/index.do?dic=eng)

저자약력

김지회
Kim, Jihoe

email: kimjihoe@bau.ac.kr

김지회 교수는 미국 노스캐롤라이나주 West Charlotte
High School을 졸업하고, Central Piedmont Community
College와 University of North Carolina at Charlotte에
서 경영학을 전공한 후, 세종대학교 대학원에서 호텔관
광학 박사학위를 취득했습니다.
현재 백석예술대학교 호텔관광학부 교수로 재직하며, 호
텔영어, 관광영어, 외식영어, 인터뷰영어 등 다양한 영
어 관련 강의를 진행하고 있습니다.

저자와의
합의하에
인지첩부
생략

친절한 관광 서비스 영어

2024년 11월 25일 초판 1쇄 인쇄
2024년 11월 30일 초판 1쇄 발행

지은이 김지회
펴낸이 진욱상
펴낸곳 (주)백산출판사
교 정 성인숙
본문디자인 오행복
표지디자인 오정은

등 록 2017년 5월 29일 제406-2017-000058호
주 소 경기도 파주시 회동길 370(백산빌딩 3층)
전 화 02-914-1621(代)
팩 스 031-955-9911
이메일 edit@ibaeksan.kr
홈페이지 www.ibaeksan.kr

ISBN 979-11-6567-947-7 93980
값 25,000원